普通高等教育"十四五"印刷本科规划教材

印刷图像
分析与测控

YINSHUA TUXIANG

FENXI YU CEKONG

徐艳芳 ◎ 著

文化发展出版社

Cultural Development Press

图书在版编目（CIP）数据

印刷图像分析与测控 / 徐艳芳著． — 北京 ：文化
发展出版社，2021.12

ISBN 978-7-5142-3483-1

Ⅰ．①印… Ⅱ．①徐… Ⅲ．①印刷－图像分析－高等
学校－教材②印刷－图像处理－高等学校－教材 Ⅳ．
①TS803.1

中国版本图书馆CIP数据核字(2021)第104935号

印刷图像分析与测控

徐艳芳　著

责任编辑：魏 欣 朱 言　　　　　责任校对：岳智勇

责任印制：邓辉明　　　　　　　　责任设计：侯 铮

出版发行：文化发展出版社（北京市翠微路2号 邮编：100036）

网　　址：www.wenhuafazhan.com

经　　销：各地新华书店

印　　刷：北京建宏印刷有限公司

开　　本：787mm×1092mm　　1/16

字　　数：195千字

印　　张：9.375

版　　次：2021年12月第1版

印　　次：2021年12月第1次印刷

定　　价：48.00元

Ⅰ Ｓ Ｂ Ｎ：978-7-5142-3483-1

◆ 如发现任何质量问题请与我社发行部联系。发行部电话：010-88275710

前言

PREFACE

　　印刷品是图文复制的结果，原稿、材料、设备、成像和转印工艺等因素的综合作用形成印刷图像。印刷图像的质量代表了印刷质量。印刷图像质量测评技术及其应用越来越受到行业重视，对于印刷质量提升及印刷工艺技术的多元发展具有重要意义。

　　印刷图像质量评价的方法主要包括主观评价法、客观评价法和基于视觉的评价法。传统的印刷图像质量主要由客户的主观印象判定，但其过程困难且结果稳定性较差，因而客观评价和充分利用技术手段实现彩色印刷图像质量的测控非常重要。

　　决定印刷图像质量的关键因素有清晰度、阶调层次、颜色，以及非理想印刷效果的各种缺陷。传统基于光度和色度仪器的印刷质量测评内容，更多地适于印刷过程控制的质量指标，而对于清晰度等图像质量属性，光度、色度仪器不再能发挥作用。相比之下，CCD 数字成像技术更适用于印刷图像上微小尺度印迹光度的客观度量，进而形成了基于数字成像技术的彩色印刷图像质量客观测评技术和方法，并不断丰富。早在 2001 年，针对二进制单色文本和图像质量的客观评价方法就已经出台，并形成了首个国际性的硬拷贝图像质量客观评价标准 ISO/IEC 13660。虽然该标准后被更加完善的新标准所取代，但其开启了一个借助数字成像技术手段实施印刷图像客观质量测评的新征程。此后，针对传统和数字印刷技术的彩色印刷图像客观质量属性，以及计入人眼视觉特性质量属性的测评和方法标准不断涌现和完善，形成了一个印刷图像质量测评技术的新体系。

　　本书围绕近年来与印刷图像质量测评相关的主要国际标准，首先，对其技术规范、质量要求、测评内容及其关系进行了梳理和比较；其次，对国际标准的印刷色彩、文本相关质量、宏观均匀性及图像清晰度等主要质量属性和测评技术进行了较为详解的介绍和分析；最后，给出了一些相关测评应用和实践。

印刷图像质量测评技术体系庞大、内容众多，远不是本书几个章节内容所能覆盖的，内容上难免挂一漏万，谨希望本书能起到抛砖引玉的作用。另外，书中内容配有自己的心得和实践，但因不可避免的认知局限性和能力所限，一定会有不足甚至是错误，还望广大读者不吝赐教和批评指正，并期盼和读者切磋，共同进步。

本书内容的研习和实践积累得到众多同事、学生的帮助和支持，编写中参考和引用了相关书籍和研究文献，在此一并表示感谢！

作　者
2021 年 7 月

目录

第1章 印刷图像质量

印刷品是油墨承载的信息转移到承印材料表面的结果，也是印刷工艺作用于油墨和承印材料组合后最终的物质形态。印刷页面的任何对象经印刷系统转换后都成为图像，因为逻辑页面上的影像及文本和图形等矢量对象都将经栅格化处理后转换为点阵描述。因此，从质量的角度看，印刷品的质量实质上是印刷图像的质量。

印刷图像质量主要取决于墨层厚度、油墨分布的均匀性、网点传递和复制结果的正确性，以及版面的清洁程度等因素。传统印刷、数字印刷，以及传统印刷和数字印刷中各自不同的工艺技术，都会存在这些特征因素的差异，从而存在特有的印刷图像质量特征。同时，印刷过程控制的能力和水平，也是决定印刷图像质量的因素之一。

1.1 印刷技术

1.1.1 传统印刷技术

传统印刷（Traditional printing）是指以文字原稿或图像原稿为依据，利用直接或间接方法制成印版（Printing plate），把印版装在印刷机上，涂上黏附性油墨，在印刷压力的作用下，使印版上一定量的色料转移到承印物（Substrate）表面，再经装订成册或整饰加工，最后得到批量的、与原稿内容相同的印刷品的过程。

印刷油墨（Printing ink）是印刷中用来呈色的物质，是由色料、联结料、填料和助剂（附加料）等组成的稳定的粗分散体系，具有良好的流动和转移特性。

承印物（Printing stock）是接受油墨以形成可见的印刷图文的材料。承印物种类繁多，如纸张、塑料、金属、陶瓷、纺织品、木材、玻璃、皮革等，在印刷包装行业中应用较广泛的是纸张和塑料。

传统印刷的主要工艺过程是：原稿—制版—印刷—印后加工。现阶段，由原稿到制版可部分或主要采用数字技术，但色料转移必须依靠印版和压力，色料转移量是模拟量。因而，这种印刷方式也称为有版印刷、传统印刷或模拟印刷。

传统印刷按印版版面图文部分与空白部分的相对位置，分为平版印刷、凸版印刷（包括柔性版印刷）、凹版印刷和孔版印刷四大类，称为常规印刷（General printing）。这四类也是根据其印版的结构特征进行分类的。

1. 平版印刷（胶印）

之所以称为平版印刷（Planographic printing），是因为其印版的图文部分与空白部分无明显的高低之分，几乎是在同一平面上。根据油水相斥原理，图文部分亲油而黏附油墨，空白部分亲水而不黏附油墨，从而形成印刷图像。

胶印是平版印刷的一种，也是最主要的代表。简单地讲，胶印就是借助胶皮（橡皮布）将印版上的图文转移到承印物上（即使用印版、橡皮布、压印三个滚筒）的印刷方式。橡皮布在印刷中起到了不可替代的作用，可以很好地弥补承印物表面的不平整，使油墨充分转移，可以减小印版上的水向承印物上的传递等。

平版印刷因印版没有明显的高低差异，所以印品表面平整，但墨层厚度有限，色调再现性不够强。

印刷图像的质量除与印刷方式有关外，还与油墨、承印物的性能密切相关。胶印主要用树脂型油墨，具有油墨固着速度较快、干燥速度快、油墨光泽感强、色泽鲜艳、抗水性强及印刷性能较好等优点。

2. 凸版印刷

凸版印刷（Relief printing）的图文部分处于同一平面，且高于空白部分。印刷时图文部分涂布油墨，与承印物直接接触，在压力的作用下，印版上的油墨转移到纸张等承印物上形成印刷图像。由于空白部分是向下凹的，加压印刷后印品上有轻微的不平整度。凸版印刷的印刷图像轮廓清晰、墨色浓厚，可使用较低级的纸张，但不适合印刷大幅面的印品。

凸版制版的方法有多种，可由照相底片晒在金属板材上，经腐蚀得到凸印版，也可由照相底片在感光树脂上晒版成凸印版，还有用电子雕刻机雕刻成凸印版，对已制成的凸版用浇铸等方法复制成凸印版等，但目前使用最多的凸印版是柔印版（Flexography）。柔印版印刷具有独特的灵活性、经济性，并对保护环境有利，符合食品包装印刷品的卫生标准。

柔性版最明显的特点是板材具有弹性且有一定的厚度。当柔性版安装到圆柱形滚筒上之后，印版沿滚筒表面产生了弯曲变形，这种变形波及印版表面的图案和文字，使印刷出来的图文不是设计原稿的正确再现，甚至发生严重的变形，且沿滚筒周向的拉伸变形是无法避免的。为了对印刷图像的变形进行补偿，必须减少晒版负片上相应图文的尺寸，即要求具有一定的缩版率。

3. 凹版印刷

凹版印刷（Intaglio printing）的特点是印版的图文部分低于空白部分。凹版印刷可采用三种方式来表现图像的阶调层次：一为印版的凹陷程度；二为网点面积率；三为网点面积率与印版凹陷深度的同时变化。现在仅采用网点面积率可变的凹版印刷已很少使用。

凹版主要使用铜版、钢版等。印刷时，全版面涂上油墨，再用刮墨刀刮去平面上（空白部分）的油墨，然后借助压力，将油墨转印到承印物上。其中，凹陷部分的深浅或面积不同，转印的油墨多少则不同，形成与原稿对应的明暗层次和色调。因此，凹版印刷是常规印刷中唯一可用墨层厚度表现色调层次的印刷方法。

凹版印品墨色厚实、层次丰富、线条分明、精细美观，色泽经久不衰，不易仿造，常用于印刷有价证券、精美画册、塑料包装袋等。但其缺点是制版困难，制版周期长，成本较高。

4. 孔版印刷

孔版印刷（Porous printing）又称滤过版印刷。印版的种类有誊写版、镂孔版、丝网版等，以丝网版为主。印版上的图文部分由大小不同或大小相同但单位面积内数量不等的孔洞（网眼，Mmesh）组成，印刷时油墨在印版的一侧，通过刮板或压辊的刮压，油墨透过印版上的孔洞转印到承印物上，从而形成印刷图像。

孔版印品墨层厚实（比凹版印刷的墨量更大，为平版的 5 ～ 10 倍），图文凸起，有浮凸的立体感。

孔版印刷可在各种形状的物体表面进行印刷，应用范围广泛。主要用于印刷线路板、集成电路板、标牌、包装装潢材料和办公用品等。

孔版印刷的缺点是耐印力较差，色彩和阶调还原性也不够好。

上述四种印刷方式中，平版印刷的墨层厚度最薄，凸印次之，且两者墨层均只有几个微米，凹印墨层可达 12 ～ 15μm，孔版中的丝印最厚，可达 10 ～ 100μm。

1.1.2　数字印刷技术

数字印刷（Digital printing）是把数字信息替代传统的模拟信息，直接将数字图像信息转移到承印物上的印刷技术。一般把数字印刷分为在机成像印刷（Ctpress 或 DI）和可变数据印刷（Variable image digital presses）。

数字印刷中，在机成像印刷即制版的过程直接在印刷机上完成，省略了中间的拼版、出片、晒版和装版等步骤，从计算机到印刷机是一个直接的过程。由于在机成像技术省去了很多中间环节，因而也减少了在信息传递过程中很多不必要的损失，相较于传统的模拟印刷，能更准确地完成图像和文字的复制，且在操作中无须更换印版，也无须校版，大大加快了更换印刷作业的速度，提高了工作效率。

可变数据印刷是指印刷机可在不停机的连续印刷过程中改变印刷图文信息的印刷过程，即在印刷过程不间断的前提下连续地印刷出不同的图文信息。可变数据印刷仅是一类印刷的统称，没有一个固定的模式，也没有固定的技术。

数字印刷技术种类繁多。其中，喷墨成像数字印刷技术（Inkjet）和静电成像（Electrophotographic）数字印刷技术最具代表性。

1. 喷墨成像数字印刷技术

喷墨印刷是一种无接触、无压力、无印版的印刷方式，由系统控制器、喷墨控制器、喷头、承印物驱动机构等组成。墨水在喷墨控制器的控制下，从喷头的喷嘴喷印在承印物上。彩色喷墨打印机通常有高温高压式打印和常温常压式打印两种方式。前者以佳能的热气泡技术和惠普的热感技术为代表，后者以爱普生的超微压电技术为代表。热气泡依靠一个小电阻的热量，使周围的墨水蒸发，产生气泡，气泡扩充压迫墨水从喷嘴喷出，到达承印物，喷出后气泡消失，墨水槽再吸入新的墨水，产生连续气泡。而微压电喷墨技术是把压电芯片放在喷墨嘴上方，对芯片施加少许电流，产生振动，靠振动把墨水喷射出来。

热气泡喷墨墨水微滴的方向性和体积大小不易掌握，打印的线条边缘容易参差不齐；但优势是喷头制作成熟，成本低廉。相比之下，压电喷墨在喷嘴处的速度易于控制，墨水微滴的大小、形状及定位精度上都更胜一筹，但喷头成本较高。

喷墨方式又分为按需（脉冲）喷墨（Drop-on-demand or impose）和连续喷墨（Continuous inkjet）两类。

按需喷墨也叫作脉冲给墨，它是将计算机中的图文信息转换为脉冲电信号，然后由电信号控制喷墨头的闭合，即实现承印物上的图文区或空白区，其中最具代表性的为压电陶瓷技术。

连续喷墨与按需喷墨的方式不同，它所喷出的墨流是连续不断的，在压力的作用下通过细小的喷嘴，在高速运动下分散成细小的墨滴。墨滴在喷出时被充以静电荷，通过改变电场的有无来实现承印物上的印刷。

经过一段时间的发展，喷墨印刷已经有了相当大的进步，已经从最初印刷简单的条码、标记等发展到大幅面的彩色印刷，随着喷墨分辨率的不断提高，印刷质量也有了大幅提高。因为它使用的技术是无压的，所以它能在更丰富的材料类型和形状的承印物表面实现印刷。

目前，喷墨印刷的色彩表现及画质，已能令大部分消费者满意，且其印刷速度和图像质量仍在不断提高。

喷墨印刷技术的应用主要表现为如下几个方面：

（1）作为数码相机的输出设备，直接输出数码照片，形成了与传统模拟照相、冲洗照片工艺相竞争的态势。

（2）喷墨数码打样使用。其打样效果已接近印刷效果，很多出版社都以这种方式输出校样，供校对和评价文稿使用，以调整印刷设备，提高印刷质量。

（3）喷墨印刷机已经进入短板、快速印刷市场，成为与小型平版印刷机竞争的主要机型。

（4）数码喷绘设备已进入大型广告喷绘市场，向传统的丝网印刷领域挑战。这种印刷方式以较低的分辨率、较大的幅面和不受长度限制连续印刷的性能，已在街头广告、车身广告、灯箱、牌匾等方面有广泛应用。

（5）喷墨印刷机在线使用具有较好的防伪效果。一般经济实力较小的制造者可通过巧妙使用喷墨印刷机，或再集合使用防伪油墨，将日期等信息喷在包装件的关键部位，可起到一定的防伪作用。

2. 静电成像数字印刷技术

静电成像是应用最广泛的数字印刷技术，也是大多数复印机和激光打印机的基础，是较成熟的彩色印刷技术。静电成像首先通过激光扫描方式在光导体表面形成静电潜像，其次利用带电色粉（电荷符号与静电潜像相反）与静电潜像之间的库仑作用力实现潜像可见（显影），最后将色粉转移到承印物上完成印刷。

如图 1-1 所示，静电成像数字印刷的工艺过程可分为充电、曝光成像、显影（着墨）、呈色剂转移（印刷）、定影（呈色剂熔化）和清洁 6 个步骤。

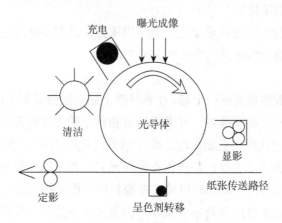

图 1-1　静电成像数字印刷原理

（1）充电

首先对光导鼓表面充电，即使光导鼓覆盖一层具有一定极性和数量的静电荷。目前，常采用电晕放电的方式进行充电，形成足够的电位，为后续形成静电潜像图文做好准备。

（2）曝光成像

利用光导鼓表面的光导体材料在黑暗中为绝缘体，在光照下电阻值下降，表现为导体的特性，由计算机传送过来的二进制图文点阵信息控制激光或 LED 光束对其进行曝光，使光导鼓表面曝光部位不再带有电荷而非曝光部位留有电荷，从而形成由电荷构成的图文潜像。

（3）显影（着墨）

显影就是用带有相反电荷的色粉使光导鼓表面的静电潜像可视化的过程。目前主要采用的显影方法有干式显影和湿式显影，分别使用干式色粉和液体呈色剂。

干式色粉是一种含有热融性树脂和色素的铁状物质，也叫墨粉。在色粉中掺入经防氧化处理的铁粉，因铁粉和色粉凝聚在一起有接触电位差，使色粉带负电荷，铁粉带正电荷。色粉与铁粉的混合物叫作显影剂。

带有正电荷潜影的光导鼓在旋转过程中，显影剂通过磁刷从显影槽中溢出，磁刷上的色粉因带负电荷，遇到图文潜像的正电荷就被吸附过去，而铁粉带负电荷，被同性的电荷排斥回到显影剂槽中，从而没有静电潜像的空白部分不会涂上色粉。这一着墨过程使光导鼓上电荷图文潜像变得可见。

液体呈色剂即呈色的物质为液态，目前的主要代表是 HP Indigo 静电成像数字印刷技术中的液态电子油墨，详情见内容"3. HP Indigo 数字印刷技术"。

（4）呈色剂转移（印刷）

呈色剂可以直接转移到纸张上，也可以通过中间的转换装置（如鼓或带）转移到纸张上。从光导鼓直接转移到纸上时，可在压印线上安装电晕放电装置以产生更大的静电力，并辅以光导鼓表面和纸张间的接触压力来确保色粉微粒从光导鼓到纸张上的转移。

（5）定影（呈色剂熔化）

为了固定纸张上的色粉微粒形成稳定的印刷图像，还需要使用定影装置。一般采用加热纸张和接触压力使墨粉熔化并固着在纸上的方法。

（6）清洁

印刷图像从光导鼓转移到纸张上后，在光导鼓上还会残留着剩余电荷和少量色粉微粒。为了使光导鼓做好下一次印刷准备，可采用机械和电子的方式对表面进行清洁。机械清洁时采用刷子和吸尘的方式除去色粉微粒，电子清洁（电荷中和）则是通过改变电场或 AC 电晕的方法使光导鼓表面呈中性，并与色粉微粒无关。在下次成像前，光导鼓通过电晕放电再次使光导鼓表面带有同种均匀的电荷，并根据印刷图文控制潜像形成的过程。

静电成像印刷系统中有两种基本模式，一种是采用干式色粉显影的印刷系统，采用主要有 Xeikon、Xerox、Agfa、Canon、Heidelberg、Manroland、Kodak 和 IBM 等公司的产品；另一种是湿式色粉显影的印刷系统，主要代表产品是惠普公司的 HP Indigo 数字印刷机。

色粉按成分分类，可分为单组分色粉和双组分色粉。单组分色粉既是着色剂，又是色粉本身，同一种色粉分别带正负两种电荷，无须载体。黑白数字印刷机的色粉多采用由氧化铁组成的单组分墨粉构成。双组分色粉由载体颗粒和颜料颗粒（着色剂）组成，颜料颗粒不带电荷，带电的为载体颗粒，细小的颜料颗粒可以附着在载体颗粒上。当载体将颜料颗粒转运到潜影鼓面上以后，载体就完成了使命。彩色数字印刷机一般都采用双组分色粉。双组分色粉的设计是为了减小着色剂颗粒的大小，一般其着色剂颗粒尺寸在 $6 \sim 10\mu m$，所能实现的墨层厚度在 $5 \sim 10\mu m$。

在静电成像中决定印刷图像质量的主要因素是色粉和呈色方式。

色粉对于图像质量的影响源于其许多特征。色粉颗粒的精细度和尺寸均匀性将决定静电转移等相关工艺的准确性，这种现象在连续进行的转印过程中几乎都存在，因而这两个因素必然影响图像质量。色粉直径越小，记录精度越高，则复制品由更小的记录点组成，能忠实地复制出原稿的细节。此外，色粉颗粒对于摩擦充电的易感受性特性使得较高的电荷质量比在很大程度上影响印刷图像的色彩饱和度，并影响图像的最暗色（最大密度色）程度。

3. HP Indigo 数字印刷技术

惠普公司基于静电成像技术的 HP Indigo 数字印刷机是市场上非常有代表性的数字印刷设备。

与使用色粉的静电成像技术有所不同，HP Indigo 数字印刷技术不是使用色粉，而是使用 HP Indigo 公司独有专利的液态电子油墨，由许多悬浮在油中的带电细小颗粒组成。这种颗粒尺寸比色粉小得多，仅 $1 \sim 2\mu m$，印刷的墨层较薄，在 $1 \sim 3\mu m$。在承印材料上形成的薄墨层，用较少的油墨数量实现了高覆盖率和深色效果。因而，图像更加平滑、艳丽，图像边缘更加锐化，分辨率也更高。

同时，HP Indigo 数字印刷技术的转印工艺采用了二次转印技术。显影后的影像不直接转印到纸张上，而是先转印到橡皮布滚筒上，再利用橡皮布将油墨转印到纸张上。印刷时不对承印材料加热，而是对橡皮滚筒加热，加热温度达到 $100℃$ 时，电子油墨内部形成特殊形状的带有颜料的颗粒，在热量的作用下，颜料颗粒熔化并与液体油料混合为平滑的胶状液体薄膜，其后向温度较低的橡皮布上转移，电子油墨则立即固着在橡皮布上，随后转移到承印材料表面。这一过程称为"热胶印"工艺，可改善电子油墨的转移效果，加快油墨的干燥速度，准确复现承印材料的光泽和纹理。

如图 1-2 所示为采用电子油墨形成的图像与干式色粉静电成像形成的图像质量对比。从图中可以清楚地看到，采用电子油墨形成的图像锐度更高，边缘更加清晰。

（a）电子油墨　　　　　　　　　　（b）干式色粉

图 1-2　电子油墨与干式色粉印刷图像质量对比

采用电子油墨的样品亮度和光泽度明显高于干式色粉样品。这是由于电子油墨的组分类似于胶印油墨，因此保留了胶印油墨的高亮度特点。电子油墨细小的墨滴对下面的承印材料表面不均匀性起到很好的补偿作用，在印有电子油墨的图文部分和没有印刷图文的空白部分间不存在光泽度的差异。而静电成像数字印刷的干式色粉因颗粒较大，光泽度一般不高，在图像的暗调和亮调区域会有不同的光泽表现。目前，电子油墨基本能符合除超光滑纸外各种纸张的要求。对于中等光滑度的纸张，电子油墨比平版胶印油墨更有优越性，但平版胶印油墨在超光滑纸张领域更具优势。

在抗褪色方面，封装在电子油墨塑胶树脂中的色素颗粒会阻止色素化学成分被氧化或受湿气影响，特别是在抗紫外线方面，电子油墨比传统胶印油墨更具优势，因而具有更强的抗褪色性能。

在承印材料适应性方面，电子油墨几乎能适应所有的材料，包括纸张、纺织品、塑料等。

4. 其他数字印刷技术

在数字印刷成像技术中，除前述的喷墨成像和静电成像数字印刷两种常见技术占主导地位外，也有一些其他的成像方式得到应用。包括电凝聚成像、磁记录成像、热成像和电子束成像等。

电凝聚成像是以具有导电性的聚合水基油墨的电凝聚现象为基础，利用油墨在金属离子的诱导下会产生凝聚作用的原理形成油墨图像，再通过高压将油墨图像转印到承印物上。电凝聚数字印刷技术是一种数据可变的连续色调印刷成像工艺，完全不同于其他数字印刷技术，在一定程度上它与着墨孔大小可变的凹印相似。从印刷质量看，这种数字印刷与传统的胶印相似，使用颜料，对承印物没有特殊要求，其印刷综合质量可达中档胶印水平。

磁记录成像数字印刷技术首先利用磁性材料的磁畴在外磁场作用下定向排列的特性，形成磁性潜像；其次利用磁性色粉与磁性潜像之间的磁场力相互作用，完成潜像的可视化（显影）；最后将磁性色粉图像转印到承印物上。因为磁性色粉采用的磁性材料主要是颜色较深的三氧化二铁，所以这种成像体系一般只适于黑白图像，不易实现彩色图像的复制。其印刷质量相当于低档胶印水平，但可实现多阶调及在普通承印物上印刷。

热成像数字印刷技术利用热效应，并采用特殊类型的油墨载体（如色带或色膜）转印图文信息。具体含有热升华（染料热升华）和热转移（热蜡转移）两种。它们都是先将油墨提供给供体，再通过热转移到承印物上。热升华成像中，染料通过热量被熔化，从供体以扩散的方式转印到承印材料上，且需要专门涂层的承印基材来接收扩散的染料。热升华彩色打印机是目前采用专用纸输出、品质最高的打印机，也是价格最昂贵的。它具有连续调打特性，输出的图像细腻精美，适用于要求彩色输出效果极高的场合。

电子束成像数字印刷技术也称为离子成像数字印刷技术。它通过电荷的定向流动建立潜像，过程类似于静电成像技术。不同之处在于静电成像印刷是先对光导鼓充电，再对其进行曝光生成潜像；而电子束成像印刷的静电图文是由输出的电子束或离子束信号直接形成的。电子或离子束成像印刷的静电鼓采用更坚固、更耐用的绝缘材料制成，以便接收电子束的电荷。这种印刷技术的记录分辨率较低，但输出速度快，适用于输出速度要求高、图像质量要求一般的印刷领域。

1.2　印刷图像质量

印刷品的适用性与其视觉属性密切相关，印刷图像的清晰度、细节和层次、文本的可阅读性，以及色彩和阶调表现等成为其质量优劣的主要考察因素。

图像质量具有可以用多值表示的特点，且具有视觉属性，因而导致图像质量的综合性描述相当复杂。当观察者在评价图像质量时，会注意到某些单元的组成有没有达到预期效果。对影像类图像单元，最明显的缺陷包括细节缺乏清晰度，在均匀填充或应该平滑渐变的区域出现噪声形成微观非均匀性，高光和暗调区域层次信息丢失，色彩表现不准确等，这些特征为重要的质量特征，称为图像的质量属性（Image quality attributes），是观察者判断影像图像质量时考虑的重要因素。而对于文本和图形类的图像，清晰易读特性成为该类图像单元的重要质量属性。

对影像类图像的质量属性可概括出锐化程度、颗粒度、阶调范围和色彩表现等表征量；而对文本和图形类的图像，可形成字符笔画或线条的边缘粗糙度、边缘模糊度及笔画密度非均匀性等特征量。这些表征量或特征量，称为图像的质量测度（Image quality metrics）。质量测度具有客观性，以仪器测量为典型。在印刷图像的应用层面，客户对图像整体质量的感觉达到了何种优良的程度，则属于视觉对图像质量的偏好（Image preference）。这种主观感受的度量，需要大量的观察者参与调查和测试。

1.2.1　图像质量属性

图像质量属性属于高水平的图像质量描述符。其含义是指能够以相对较少数量的图像质量描述符准确地表示整体的图像质量。

提出图像质量属性这一概念，是希望使图像质量测度和图像偏好（主观感受）两个方面能够联系起来，因而图像质量属性的描述兼具客观性和主观性。

图像质量属性的设计目标在于能够组合图像质量偏好和质量测度的某些最有用的特征。如图 1-3 所示的雷达图收集了基本的印刷图像质量属性，包括线条质量、文本质量、邻接性、微观均匀性、宏观均匀性、有效分辨率、有效阶调等级、色彩表现、套印色色域范围和光泽均匀性。该质量属性集合是在 ISO/IEC 19751 标准立项时根据施乐公司的建议所提出。

这些属性与视觉感受有关，可在标准或默认承印材料上根据单一的分析图像集合做出评价。例如，图 1-3 中的实线和虚线分别代表两种假想打印机的输出质量，两者在线条质量、文本质量、有效分辨率及微观均匀性上的差异尤其显著。

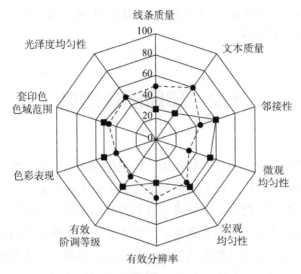

图 1-3　图像质量属性集合

1.2.2　图像质量测度与客观评价

基于仪器测量的图像质量测度是图像质量属性的客观表征值，一般通过测量特定图像的质量属性获得。其中，往往需要设计具有图像质量属性针对性的图案，需要针对该图案提取出质量测度值的特定算法和实现程序，以及实现过程中针对特定仪器设备所需要的预处理等方法。

为了有效地测评印刷图像质量，总是设计不同的质量测度从图像质量的特定范围内隔离开来，以便彼此无关地展开评价。例如，笔画线条的暗度可用于描述文本的视觉对比度，彩色印刷的色域用于描述印刷图像可形成的视觉颜色范围等。目前正在使用的印刷图像质量测度有很多，富有工程意义的结论可以从这些测度结果推断出来。

实用中，为了使基于质量测度的测量系统输出正比于视觉系统响应（视觉偏好或主观感受）的结果，通常还需要将某些质量测度引入视觉系统函数。例如，彩色图像的整体清晰度测度，需要将眼睛对亮度的不同灵敏度函数引入其中，给出适于人眼感知特性的图像亮度对比模量传递特性。

印刷图像质量测度具有客观性，可以定量地测量和分析，因而分析和评价时也并非所有的图像质量都需考虑人眼的视觉感受。例如，设备的可寻址能力，反映的是设备输出的物理分辨力，是决定输出图像视觉分辨率的基础，但更适于用客观的物理指标评价。

1.2.3　图像质量偏好与主观评价

质量偏好评价属于主观评价的内容之一，是兼顾客户感受的主观评价。从印刷品的视觉产品属性来看，印刷图像的质量偏好评价比一般意义上的主观评价更重要。而从人的心理层面来看，甚至可认为偏好评价就是主观评价，因为主观评价的参与者正是在其个人偏好的"驱使"下才给出评价结论的。

客观评价以仪器的测量数据为依据，稳定性较好。而主观评价容易受到各种因素的影响，即使不考虑主观评价参与者的个体差异，得出的结论仍表现出明显的可变性特征。

1.2.4　图像质量属性、测度与偏好的关系

每一种图像质量属性都是高水平的图像质量描述符，它可能关联着多个图像质量测度。例如，实地（网点面积率为100%）填充区域的颗粒度、半色调颗粒度及斑点等质量测度值，均可用于衡量图像质量的微观均匀性这一质量属性，是从不同的角度对图像微观均匀性的考察。但仅仅由质量测度评价图像的质量也行不通，还需要与图像偏好相结合。

图像质量属性一方面可由客观的图像测度来表征，另一方面又与图像的视觉感知结果相对应，是图像质量测度和图像偏好的连接桥梁，而桥梁的两端便是人们期望的评价手段和目的。事实上，近年来人们对彩色图像的偏好和更客观的图像质量测度一直受到专业人士的普遍关注，认为两者间有必然的关系。只有在理解了质量偏好与客观质量测度之间关系的基础上，才有可能完整地描述图像的整体质量。而图像的整体质量可以用相对较少的质量属性及相应的测度加以表示，且它们之间应该彼此正交，至少保证彼此独立。建立在这一思想上的图像总体质量模型，迄今为止仍是图像研究者、实验心理分析工作者，以及印刷图像分析工作者的主要研究课题。虽然到目前为止尚没有令人满意的通用解决方案，但研究工作一直在进行。

由于图像质量问题的复杂性，人们对图像质量属性也有不同的认识，致使许多专业文献往往对图像质量属性和图像质量测度等不加区分。例如，某些文献称颗粒度为质量属性，而有的文献则称为质量测度。从实用的角度来看，对于图像质量测度和质量属性做严格的区分似乎也没有必要。因此，本书后续章节中两者不再严格区分，用图像质量属性字眼描述的文字质量特性，实质上常给予其质量测度的定义或解释。

1.2.5　印刷图像质量比较

胶印、凹印、柔印等传统印刷经过多年的发展，已形成了较为成熟的工艺，印刷质量也已达到了一定的水平。当前，随着电子出版、跨媒体出版技术的发展，按需印刷的需求越来越多，使数字印刷技术的短板和个性化优势凸显。尤其是在网络化高速发展的今天，数字印刷技术与网络技术相结合，使数字印刷成为印刷业中一个耀眼的亮点。

但数字印刷及打印图像的质量很大程度上受到数字成像工艺过程的技术条件等因素的影响，与传统的胶印质量相比，尚有一定差距。如图1-4所示为传统胶印和数字印刷或打印常采用的（墨水）喷墨成像和（墨粉）静电成像技术印品的效果比较。可以看出，与胶印相比，喷墨和静电成像印品的圆点边缘不够清晰，形状不够规则。此外，喷墨成

像因承印材料对墨水的吸收而边缘扩散现象明显，图 1-4 中圆点边缘更加模糊；静电成像则由于墨粉的固态颗粒特性，容易形成实地区域的非均匀性，使得图 1-4 中圆点本身的颗粒感更强。

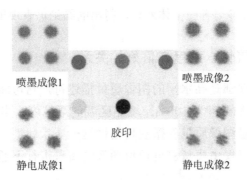

图 1-4　胶印与不同数字成像圆点图像的效果比较

在线条的输出质量上，因不同工艺形成的印品质量同样存在不同的特征，所能表现的文本清晰程度、笔画的形状规则性等均有所不同。

如图 1-5 所示，为喷墨和静电成像技术在普通办公打印纸上形成的线条放大图像，在线条本身图像区域外，都产生了墨水或墨粉形成的有害散点。数字印刷设备的输出质量虽不至如此，但这一比较表明了不同成像工艺的输出质量特征。

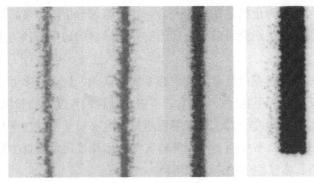 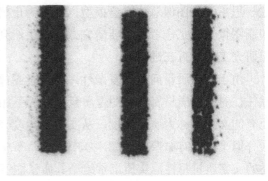

（a）办公打印纸喷墨打印的不同宽度竖线　　　　（b）办公打印纸静电成像的竖线

图 1-5　办公打印纸的喷墨和静电打印成像线条效果比较

如前文所述，HP Indigo 数字印刷技术的印品质量表现突出。图 1-6 为 HP Indigo 数字印刷与 CTP 制版成像的质量比较。可以看到，使用电子油墨和独特工艺的 HP Indigo 数字印品已与 CTP 制版的成像质量可以比拟。

数字印刷及打印技术多种多样，质量参差不齐。这一现象的存在，使印刷图像质量的测评方法和技术得到重视。

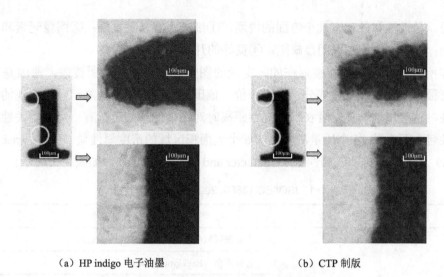

（a）HP indigo 电子油墨   （b）CTP 制版

图 1-6　不同输出技术的数字印刷效果比较

1.3　印刷图像质量标准

随着印刷市场从传统的模拟印刷向多种数字印刷技术的发展变化，印刷图像质量测评技术的重点也已从过程控制和基于统计规律的印刷结果预测，转变为使用特定技术方法直接在印品页面图像上进行测评，属于印刷图像的质量测评范畴。

这一转变已在传统印刷和数字印刷领域得到体现，形成了相关的国际标准。

1.3.1　ISO/IEC 13660 标准

ISO/IEC 13660:2001—信息技术—办公设备—硬拷贝输出图像质量属性的测量—二进制单色文本和图像（Information technology-Office equipment-Measurement of image quality attributes for hardcopy output -Binary monochrome text and graphic images）是迄今为止首个国际性的图像质量客观评价标准，由国际标准化组织和国际电工联合会工作组联合开发，旨在帮助质量控制工程师评估办公室成像系统的打印图像质量。

该标准针对来自成像系统硬拷贝输出的图像，编制了一个图像属性列表，这些属性与人们对打印质量的感知属性相关联，并应用于评价二值单色文本和具有图形特征的矢量图像质量。同时，该标准给出了图像质量属性的测量规范和系统要求。虽然该标准的主要应用范围是办公设备，但其制定者明确指明它适用于数字印刷。

图像是空间信息的一种组织。良好的图像质量意味着图像是清晰易读的，且有令人愉快的外观。易读性和外观有几个方面的内涵：①细节很容易被发现；②图像元素和背景很容易区分；③最小化的图像明显缺陷；④良好的几何保真度。

并非所有这些因素都能被内在的、定量的图像质量属性评价所覆盖，原因是许多印刷图像有很大的心理或文化成分，很难评价。该国际标准的目的是展示一组客观的、可测量的属性，这些属性与观察者在标准观察距离时对图像的感知质量有一定的相关性。这组质量属性包含两类共 14 个质量测度，即 6 个大面积区域的密度属性量（Large area density attributes）和 8 个字符和线属性量（Character and line attributes），如表 1-1 所示。

表 1-1　ISO/IEC 13660: 2001 图像质量属性量

属性量类型	属性量名称
大面积区域的密度属性 （Large area density attributes）	大面积区域的暗度（Darkness, large area）
	背景模糊（Background haze）
	颗粒度（Graininess）
	斑点（Mottle）
	背景无关痕迹（Extraneous masks, background）
	空洞（Voids）
字符和线属性 （Character and line attributes）	模糊度（Blurriness）
	粗糙度（Raggedness）
	线宽（Line width）
	字符暗度（Darkness, character）
	对比度（Contrast）
	填充（Fill）
	字符域无关痕迹（Extraneous marks, character field）
	字符域的背景模糊（Background haze, character field）

该标准还明确指出，图像属性测量的实施需要一个完整的测评系统，含有图像采集装置、测评软件，以及特定应用的质量标准和抽样方案。而任何能够采集图像并测量到相应数据的设备都被认为具有仪器的功能，但需要由标准中定义的参考图像和目标值对其进行校准。

该国际标准要求测量须使用至少 600spi（spots per 25.4 mm——每 25.4 mm 含有的点数）和 8 位（256 个灰度级）的仪器，具有大视场（如 600spi 的平板扫描仪）和至少 0.1 ～ 1.5 的动态密度范围。

对测量仪器的校准须使用标准中规定的线条图像，并由合格的生产商输出的印样，校准目标要求仪器的测试结果符合标准中规定的 4 种线属性测度（暗度、线宽、粗糙度和模糊度）的数值范围。

目前，该标准已被 ISO/ IEC 24790: 2012—信息技术—办公设备—硬拷贝输出图像质量属性的测量—单色文本和印刷图像（Information technology-Office equipment-Measurement of image quality attributes for hardcopy output-Monochrome text and graphic images），以及其修订版 ISO/IEC 24790: 2017 所取代。

尽管如此，该标准图像质量属性的表征思想及其测度的基本含义已称为后续标准的基础，仍有了解的必要。

1.3.2 ISO/ IEC TS 24790 标准

与 ISO/IEC 13660 相比较，ISO/ IEC TS 24790 的质量属性测度中考虑了人眼的视觉特性，使其计算结果更能反映视觉感知效果。该标准最初为 ISO/ IEC TS 24790: 2012—信息技术—办公用品—硬拷贝用图像质量属性的测量—单色文本和图形图像（Information technology-Office equipment-Measurement of image quality attributes for hardcopy output-Monochrome text and graphic images），最新的修订版本为 ISO/ IEC TS 24790: 2017。

ISO/ IEC TS 24790 也同 ISO/IEC 13660 一样适用于由文字、图形和其他图像对象组成的单色图像，这些图像具有单色（通常是白纸上的黑白图像）或半色调的两个色调，不包括连续调图像、彩色图像等，主要是打印机和复印机的单色文档。

由于开发时间有限，ISO/IEC 13660: 2001 存在许多问题没有解决。主要表现为：

（1）测量系统的一致性校准方法只规定了以 4 个线属性测度（暗度、线宽、粗糙度和模糊度）的目标值实施，其余的 10 个属性测度量没有相应的校准规范。

（2）物理测量量（线宽、空洞）和心理物理量（暗度、颗粒度等）交织在一起，都被定义为图像质量属性。

（3）测量系统一致性校准的目标值宽容度太大，不利于一致性的保证。

（4）对字符和线条图像质量的测量结果变化较大，与主观评价不相符合。

为此，在 2006 年 1 月开始了对 ISO/IEC 13660 标准的修订工作，2012 年形成了修订后的标准 ISO/ IEC TS 24790: 2012，在 ISO/IEC 13660 的基础上加入了新的内容，以解决 ISO/IEC 13660 存在的问题。主要工作体现在以下几个方面：

（1）在大面积图像区域质量属性中加入了打印机和复印机硬拷贝输出常见的条带质量缺陷测度。

（2）测量系统的一致性校准测试图中规定了 3 个线条体现的所有线质量测度，以及大面积图像区域所有的质量测度，且目标值的浮动范围大大减小。

（3）测量用扫描仪的基本分辨率从 600spi 提高到 1200spi，以减少测量波动。

（4）ISO/IEC 13660 中定义的几乎所有质量属性都在 ISO/ IEC TS 24790: 2012 中重新定义，以消除物理量测度和心理物理因素的混合。

（5）为了提高图像质量测度与主观评价之间的对应性，对 7 个图像质量属性测度进行了实验验证，选择与主观评价相关性最高的图像质量测度预测算法。实验验证工作由中国、日本、美国、韩国和荷兰五个国家进行。

该标准定义的图像质量属性测度包括大面积图像属性量（Large area graphic image

attributes）7 个，字符和线图像属性量（Character and line image attributes）7 个。

与 ISO/IEC 13660 相比，ISO/ IEC TS 24790: 2012 的质量属性测度不仅是简单的数量上的差异，而是定义上的较大变化。比如，大面积图像属性中的颗粒度和斑点的计算中考虑了人眼的感知特性，通过小波处理实现了不同空间频率范围的亮度波动度量，以体现人眼视觉的感知及物理量测度和心理物理因素混合现象的消除。

其后的工作，ISO/ IEC TS 24790: 2017 又取代了 ISO/ IEC TS 24790: 2012。

较之 ISO/ IEC TS 24790: 2012 版本，ISO/ IEC TS 24790: 2017 最大的变化是：根据测试评价实验中图像质量属性量的测量方法，对测量仪器的一致性校准图标进行了修正；开发了一种能够自动测量所有图像质量属性测度的测量工具，并使用该工具得到了所有一致性校准图标的目标值和切合实际的容差。

而在图像质量属性测度的定义上，ISO/ IEC TS 24790: 2017 与 ISO/ IEC TS 24790: 2012 具有相同的物理含义，仅个别的表述词汇不同。质量属性测度及表述词汇对比如表 1-2 所示。

表 1-2 ISO/ IEC TS 24790: 2012 与 ISO/ IEC TS 24790: 2017 的图像质量属性量及比较

属性量类型	属性量名称	
	ISO/ IEC TS 24790: 2012	ISO/ IEC TS 24790: 2017
ISO/ IEC TS 24790: 2012: 大面积图像属性 （Large area graphic image attributes） ISO/ IEC TS 24790: 2017 大面积图像属性 （Large area graphic image quality attributes）	大面积区域的暗度 （Large area darkness）	大面积区域的暗度 （Large area darkness）
	背景暗度（Background darkness）	背景暗度（Background darkness）
	颗粒度（Graininess）	颗粒度（Graininess）
	斑点（Mottle）	斑点（Mottle）
	背景无关痕迹 （Background extraneous mask）	背景无关痕迹 （Background extraneous mask）
	空洞（Void）	大面积区域空洞 （Large area void）
	条道（Banding）	条道（Banding）
ISO/ IEC TS 24790: 2012: 字符和线图像属性 （Character and line image attributes） ISO/ IEC TS 24790: 2017 字符和线图像属性 （Character and line image quality attributes）	线宽（Line width）	线宽（Line Width）
	字符暗度（Character darkness）	字符暗度（Character darkness）
	模糊度（Blurriness）	模糊度（Blurriness）
	粗糙度（Raggedness）	粗糙度（Raggedness）
	填充（Fill）	字符空洞（Character void）
	字符周边背景无关痕迹 （Character surround area extraneous mark）	字符周边背景无关痕迹 （Character surround area extraneous mark）
	字符周边背景朦胧 （Character surround area haze）	字符周边背景朦胧 （Character surround area haze）

从表 1-2 看出，ISO/ IEC TS 24790: 2017 仅用"大面积区域空洞（Large area void）"名称取代了 ISO/ IEC TS 24790: 2012 中的"空洞（Void）"，但两者定义完全相同；又用"字符空洞（Character void）"名称取代了"填充（Fill）"，两者定义亦完全相同。

还有一点变化是，在"颗粒度（Graininess）"和"斑点（Mottle）"的求解中，ISO/IEC TS 24790: 2017 较 ISO/ IEC TS 24790: 2012 将测量仪器采集的图样数字化图像对应的亮度因子 R、G、B 转换为 CIEXYZ 亮度 Y 值的计算公式更加精确。

1.3.3 ISO/TS 15311-1 标准

不同于 ISO/ IEC TS 24790 为针对办公打印及复印的二值单色图像的质量标准，ISO 于 2016 年发布了对包含各印刷技术范畴的印刷品质量标准 ISO/TS 15311-1:2016—印刷技术—工商业生产用印刷品的要求—第 1 部分：测量方法和报告模式（Graphic technology-Requirements for printed matter for commercial and industrial production-Part 1: Measurement methods and reporting schema）。该标准于 2019 年进行了修订，为第二版；2020 年再次修订，成为目前的最新版 ISO/TS 15311-1: 2020。

该标准针对所有技术类型的印刷品图像质量，且测量对象为单张印张。

此外，该标准摒弃了 CIELAB 色差和实质上不能表征颜色的密度量，使用 CIELAB 色度值及 CIEDE2000 色差。

ISO/TS 15311-1 定义了包括颜色（Color）、阶调再现和表面光泽（Tone reproduction and gloss）、均质性（Uniformity or homogeneity）、细节再现能力（Detail rendition capabilities）和保存性能（Permanence）等印品图像质量属性测度及其测量方法，并针对 40cm 的观测距离。

ISO/TS 15311-1: 2020 标准的各质量属性测度如表 1-3 所示。

表 1-3   ISO/TS 15311-1: 2020 标准的印刷图像质量属性

质量属性类型	属性测度名称	备注
颜色，阶调复制和光泽（Colour, tone reproduction and gloss）	基材（Print substrate）	基材名称及颜色
	绝对颜色复制精度（Absolute color reproduction, process colors）	测评指标见表 1-4
	相对颜色复制精度（Media relative color reproduction, process colors）	测评指标见表 1-5
	黑点补偿的相对颜色复制精度（Media relative color reproduction with BlackPoint compensation）	测评指标见表 1-6
	专色复制精度（Spot colors）	D50 和测试光源下实地、50% 或 / 及其他网点复制的 CIEDE2000 色差
	色域计算及分析（Computing and analysing color gamut）	色域计算符合 ISO/TS 18621-11
	表面光泽（Gloss）	测试对象为基材和原色实地色；定义及测量符合 ISO 8254-1 或 ISO 2813

续表

质量属性类型	属性测度名称	备注
均匀性 （Uniformity）	版面颜色均匀性 （Large area uniformity）	定义及测量符合 ISO 12647-8: 2012
	条道 （Banding-monochrome）	定义及测量符合 ISO/IEC TS 24790: 2012
	单色斑点 （Mottle-monochrome）	
	单色颗粒度（Graininess- monochrome）	
	宏观均匀性 （Macroscopic uniformity）	定义及测量符合 ISO/TS 18621-21: 2020
	透色 （Show through）	定义及测量符合 ISO 13655
	阻透率 （Print-through resistance）	测量方法遵照 IGT 测试系统（IGT Testing Systems-http://www.igt.nl）
细节再现能力 （Aetail rendition capabilities）	线宽 （line width）	定义及测量符合 ISO/IEC TS 24790: 2012
	线暗度 （Line darkness）	
	线模糊度 （Line blurriness）	
	线粗糙度 （Line raggedness）	
	模量传递函数 （Modulation transfer function-MTF）	定义及测量符合 ISO/IEC TS 29112
	有效寻址能力 （Effective addressablity）	
	感知分辨率 （Perceived resolution）	定义及测量符合 ISO/TS 18621-31: 2020
	套准 （Registration）	分色对准误差；正反面对准误差；页面内 对齐
保存性 （Permanence）	室内耐光性—居所和办公室 （Indoor light stability- home and office display）	定义及测量符合 ISO 18937
	室内耐光性—展示窗 （Indoor light stability- display window）	定义及测量符合 ISO/TS 21139-21
	耐候性 （Weathering）	定义及测量符合 ISO 18930
	热稳定性 （Thermal stability）	定义及测量符合 ISO 18936 及 ISO 18924
	防水性 （Water resistance）	定义及测量符合 ISO 18935
	抗刮性 （Scratch resistance）	定义及测量符合 ISO 15184

续表

质量属性类型	属性测度名称	备注
保存性 （Permanence）	耐磨性 （Abrasion resistance）	定义及测量符合 ISO 18947
	瑕疵 （Artefacts）	输出颜色的平滑渐变性，原色字符背景的 无关痕迹和空洞。 定义及测量符合 ISO/IEC TS 24790

从表 1-3 可见，作为支持各种印刷技术的彩色印刷质量评估标准，较表 1-2 内容丰富了许多。增加了印品图像的颜色、阶调再现、色域计算及分析、光泽、保存性等质量测度，且在细节再现能力中增加了 MTF、有效寻址能力、感知分辨率等质量测度，是一个全面的评估体系。

表 1-3 中，基材质量测度包含克数和 CIELAB 色度，颜色的复制质量包含绝对颜色复制精度、相对于纸张的相对颜色、黑点补偿后的相对颜色和专色的复制精度，用 ISO 12642-2 特性化用色集数据或根据 ISO 12647-8:2012 中 5.2 颜色子集测控条的颜色来表征，具体表征项分别如表 1-4 ～表 1-6 所示。

表 1-4　ISO/TS 15311-1: 2020 标准的绝对色度复制精度的表征

描述 (Description)	全写 (Full label)	简写 (Abbreviated label)	单位 (Units)
基材色差 (Color difference for substrate)	基材 (Subatrate)	Sub	ΔE_{00}^*
测控条颜色的最大色差 (Maximum colour difference for all control strip patches)	测控条最大 (Control strip maximum)	CSMax	ΔE_{00}^*
测控条颜色第 95% 百分位色差 (The 95th percentile for the control strip patches)	测控条 95% 百分位 （Control strip 95th percentile）	CS95%	ΔE_{00}^*
测控条颜色平均色差 (Average color difference for control strip patches)	测控条平均 (Control strip average)	CSAve	ΔE_{00}^*
CMY 中灰色测控条的最大彩度差 (Maximum chromaticness difference for CMY neutral control strip patches)	测控条中灰最大 (Control strip neutrals maximum)	CSMaxNeutral	ΔC_h^*
测控条 CMY 中灰色的平均彩度差 (Average chromaticness difference for CMY neutral control strip patches)	测控条中灰平均 (Control strip neutrals average)	CSAveNeutral	ΔC_h^*
测控条色域边界色平均色差 (Average color difference for selected surface gamut patches)	特征色表面色平均 (Characterization chart surface patches average)	CCAveSurface	ΔE_{00}^*

续表

描述 (Description)	全写 (Full label)	简写 (Abbreviated label)	单位 (Units)
特性化色标平均色差 (The average color difference for the characterization chart)	特征色标平均 (Characterization chart average)	CCAve	ΔE_{00}^{*}
特性化色标第 95% 百分位色差 (The 95% percentile for the characterization chart)	特征色标 95% 百分位 （Characterization chart 95th percentile）	CC95%	ΔE_{00}^{*}

表 1-5　ISO/TS 15311-1: 2020 标准的相对色度复制精度的表征

项目描述 (Description)	全写 (Full label)	简写 (Abbreviated label)	单位 (Units)
基材与参考印刷基材的色差 (Colour difference between the print substrate used and the reference printing condition substrate)	基材色差 (mr) ［Substrace difference(mr)］	mrSub	ΔE_{00}^{*}
测控条颜色的最大色差 (Maximum color difference for all control strip patches)	测控条最大 (mr) ［Control strip maximum(mr)］	mrCSMax	ΔE_{00}^{*}
测控条颜色第 95% 百分位色差 (The 95th percentile for all control strip patches)	测控条 95% 百分位 ［Control strip 95th percentile(mr)］	mrCS95%	ΔE_{00}^{*}
测控条的平均色差 (Average color difference for control strip patches)	测控条平均 (mr) ［Control strip average(mr)］	mrCSAve	ΔE_{00}^{*}
测控条 CMY 中灰色的最大彩度差 (Maximum chromatic difference for CMY neutral control strip patches)	测控条中灰最大 (mr) ［Control strip neutrals maximum(mr)］	mrCSMaxNeutral	ΔC_{h}^{*}
测控条 CMY 中灰色的平均彩度差 (Average chromatic difference for CMY neutral control strip patches)	测控条中灰平均 (mr) ［Control strip neutrals average(mr)］	mrCSAveNeutral	ΔC_{h}^{*}
特征色色域边界色平均色差 (Average color difference for selected surface gamut patches)	特征色表面色平均 (mr) ［Characterization chart surface patches average(mr)］	mrCCAveSurface	ΔE_{00}^{*}
特性化色标平均色差 (The average color difference for the characterization chart)	特征色标平均 (mr) ［Characterization chart average(mr)］	mrCCAve	ΔE_{00}^{*}
特性化色标第 95% 百分位色差 (The 95th percentile for the characterization chart)	特征色标 95% 百分位 (mr) ［Characterization chart 95th percentile(mr)］	mrCC95%	ΔE_{00}^{*}

表 1-6 ISO/TS 15311-1: 2020 标准的黑点补偿相对色度复制精度的表征

项目描述 (Description)	全写 (Full label)	简写 (Abbreviated label)	单位 (Units)
基材与参考印刷基材的色差 (Colour difference between the print substrate used and reference printing condition substrate)	基材色差 (mr) [Substrace difference(mr)]	mrSub	ΔE_{00}^{*}
测控条颜色的最大色差 (Maximum color difference for all control strip patches)	测控条最大 (bpc) [Control strip maximum(bpc)]	bpcCSMax	ΔE_{00}^{*}
测控条的平均色差 (Average color difference for control strip patches)	测控条平均 (bpc) [Control strip average(bpc)]	bpcCSAve	ΔE_{00}^{*}
测控条 CMY 中灰色的平均彩度差 (Average chromatic difference for CMY neutral control strip patches)	测控条中灰平均 (bpc) [Control strip neutrals average(bpc)]	bpcCSAveNeutral	ΔC_{h}^{*}
输出参考黑点 [Reference printing condition (RPC) BlackPoint]	RPC 黑点 (RPC BlackPoint)	rpcBlackPoint	CIELAB
印张评估测控条上的黑点 (Estimated control strip BlackPoint from the printed sheet)	评估测控条黑点 (Estimated control strip BlackPoint)	printBlackPoint	CIELAB
测控条色域边界色平均色差 * (Average color difference for selected surface gamut patches)	特征色表面色平均 * [Characterization chart surface patches average(bpc)]	bpcCCAveSurface*	ΔE_{00}^{*}
特性化色标平均色差 * (The average color difference for the characterization chart)	特性化色标平均 * [Characterization chart average(bpc)]	bpcCCAve*	ΔE_{00}^{*}
特性化色标第 95% 百分位色差 * (The 95th percentile for the characterization chart)	特性化色标 95% 百分位 * [Characterization chart 95th percentile(bpc)]	bpcCC95%*	ΔE_{00}^{*}
设备 ICC 特性文件黑点 * (Printer ICC Profile BlackPoint)	ICC 特性文件黑点 * (ICC Profile BlackPoint)	ProfileBlackPoint*	CIELAB

注："*" 标注项为可选项。

其中，表 1-4 ～表 1-6 中的 ΔC_{h}^{*} 为 CIELAB 彩度差，按 ISO 13655:2017 定义进行计算，具体为

$$\Delta C_{h}^{*} = \sqrt{\left(a_{1}^{*} - a_{2}^{*}\right)^{2} + \left(b_{1}^{*} - b_{2}^{*}\right)^{2}} \tag{1-1}$$

此外，表 1-3 与表 1-2 含有相同的质量测度，即"条道""颗粒度""色斑""线宽""线暗度""线模糊度""线粗糙度"，以及"瑕疵"中的"字符背景无关痕迹和空洞"等，定义及测量方法均同于 ISO/ IEC TS 24790: 2012 标准。这无疑表明，这些质量测度表征的不仅是打印、复印输出的质量因素，同样也是各种印刷技术印品图像的质量因素。

另外，表 1-4 ～表 1-6 的测度项，并非针对印刷原色，而是彩色印刷图像的全面复制质量，这是原色单色复制质量所不能替代的。

1.3.4　ISO/TS 15311-2 标准

严格来说，专门提出数字印刷图像质量要求的国际标准应是 2018 年发布的国际标准 ISO/TS 15311-2: 2018—印刷技术—印刷品的印刷质量要求—第 2 部分：利用数字印刷技术的商业印刷应用（Graphic technology-Print quality requirements for printed matter-Part 2: Commercial print applications utilizing digital printing technologies）。

从名称就已感受到，该标准专门针对数字印刷，包括打印；测量对象亦针对单张印样。但该标准同时给出，所建立的质量测度是一般性的，也可用于其他类型的印刷图像。

数字印刷过程控制尚没有统一的标准，内在的过程控制方法一般由数字印刷系统制造商确定。但无论采用何种方法进行过程控制，该标准都可用于输出的印刷图像的评估，是通过印张上图像本身的内在质量来定义印刷图像的品质。

同样，该标准也摒弃了 CIELAB 色差和密度值表征量，使用 CIELAB 色度值及 CIEDE2000 色差。

ISO/TS 15311-2: 2018 给出了一般商业市场中必需的、可选的推荐用质量属性测度、测量方法和合适的报告要求。其中报告要求遵循 ISO/TS 15311-1 标准。

该标准的质量属性量包括颜色、阶调再现和光泽（Color and tone reproduction and gloss），同质性（Homogeneity），细节再现能力（Detail rendition capabilities）和保存性能（Permanence）等几类质量属性，各质量属性测度针对的观测距离为 30 ～ 50cm。

各质量属性类型及测度如表 1-7 所示。

表 1-7　ISO/TS 15311-2: 2018 标准的图像质量属性

质量属性类型	属性测度名称	备注
颜色，阶调再现和光泽 （Colour and tone reproduction and gloss）	基材 （Print substrate）	同于 ISO/TS 15311-1: 2016
	绝对颜色再现 ［Absolute color reproduction(process colors)］	同于 ISO/TS 15311-1: 2016
	相对颜色再现 ［Media relative color reproduction(process colors)］	
	表面光泽（Gloss）	同于 ISO/TS 15311-1: 2016
	多印张的颜色偏差 * （Color deviation of multiple samples of printed matter）	基于多个印张测控条上每个颜色的平均色度与目标色的平均色差； 样张选取方法同于 ISO/TS 15311-1: 2016

续表

质量属性类型	属性测度名称	备注
同质性 （Homogeneity）	版面颜色均匀性 （Large area uniformity）	同于 ISO/TS 15311-1: 2016 （定义及测量符合 ISO 12647-8: 2012） 如有必要，增加测试色*： C65%M50%Y50%K50% C40%M30%Y30%K30% C20%M15%Y15%K15%
	条道 （Banding-Monochrome）	同于 ISO/TS 15311-1: 2016 （定义及测量符合 ISO/IEC TS 24790: 2012） 如有必要，增加测试色*： 50%K、50%C、50%M
	单色斑点 （Mottle-Monochrome）	同于 ISO/TS 15311-1: 2016 （定义及测量符合 ISO/IEC TS 24790: 2012）
	单色颗粒度 （Graininess- Monochrome）	如有必要，增加测试色*： 70%K、40%K、20%K 70%C、40%C、20%C 70%M、40%M、20%M
	透色（Show through）	同于 ISO/TS 15311-1: 2016 （定义及测量符合 ISO 13655）
	多印张的颜色涨落* （Color variation within printed matter）	基于印张测控条上原色和二次色实地色及中等色调原色（40% 或 50%）色度与多个印张平均色度的色差均值； 样张选取方法同于 ISO/TS 15311-1: 2016
细节再现能力 （Detail rendition capabilities）	线宽 （Line width）	同于 ISO/TS 15311-1: 2016 （定义及测量符合 ISO/IEC TS 24790: 2012）
	线暗度 （Line darkness）	
	线模糊度 （Line blurriness）	
	线粗糙度 （Line raggedness）	
	瑕疵* （Artefacts）	目视评估
保存性 （Permanence）	室内耐光性 （Indoor light stability）	同于 ISO/TS 15311-1: 2016 （定义及测量符合 ISO 18937）
	耐候性 （Weathering）	同于 ISO/TS 15311-1: 2016 （定义及测量符合 ISO 18930）
	热稳定性 （Thermal stability）	同于 ISO/TS 15311-1: 2016 （定义及测量符合 ISO 18936）
	耐磨性 （Abrasion resistance）	定义和测量符合 ISO 18947

注："*" 标注项为较 ISO/TS 15311-1: 2016 标准增加的测度和测试内容。

从表 1-7 中不难看出，其绝大部分质量属性测度源于标准 ISO/TS 15311-1: 2016。其中，"同质性"和"细节再现能力"中大部分指标的定义和测量规范同于 ISO/IEC TS 24790: 2012。因此，ISO/IEC TS 24790: 2012 标准的内容成为这些质量属性建立的基础。

与 ISO/TS 15311-1: 2016 相比，该标准增加了如下属性测度（如表 1-7 中"*"项所示）：

（1）"多印张的颜色偏差（Colour deviation of multiple samples of printed matter）"，为选取的多个印张测控条上每个颜色的平均色度与其目标色度的 CIEDE2000 平均色差，用以表征印刷的颜色准确性；

（2）"多印张的颜色涨落（Colour variation within printed matter）"，为选取的不同样张上测控条原色和二次色的实地色及中等色调原色（40% 或 50%）与之多印张平均色度的 CIEDE2000 平均色差，用以表征多个印张的颜色波动；

（3）"瑕疵（Artefacts）"，为视觉上可感知的任何不希望的图案，用以表征质量属性测度中没有涵盖的缺陷，并采用目视评估的方法。但需要说明的是，ISO/TS 15311-1 标准在 2019 年的修订中也增加了该质量属性，且在 2020 版中又丰富了测试内容。

此外，还在一些属性测度的测试内容上，给出了增加项建议，见表 1-7"备注"栏中的"*"内容。

但与 ISO/TS 15311-1:2016 相比，该标准去掉了"模量传递函数（Modulation transfer function-MTF）"和"有效寻址能力（Effective addressablity）"两个质量属性测度。

上述 ISO/TS 15311-2:2018 标准与当时针对各种印刷图像质量要求的"当前"版本 ISO/TS 15311-1: 2016 标准相比，有丰富、有删减，反映了其有效侧重数字印刷图像质量的目的。预计在其新的修订版中会如同 ISO/TS 15311-1 标准的完善一样，丰富其质量属性内容。

由于数字印刷设备在品质和速度等方面种类繁多，各应用市场的需求亦同样广泛，因此，目前对于可接受的品质，恐怕并没有市场共识。该标准所提供的指导，仅说明如何用适合的方法制定出对印刷图像质量的评估，并没有给出可接受的品质水平。

综观上述标准内容，从最初针对二值单色图像的 ISO/IEC 13660，到其修订版 ISO/IEC TS 24790，再到针对各种印刷技术全彩色印刷图像的 ISO/TS 15311-1 和针对数字印刷技术全彩色印刷图像的 ISO/TS 15311-2，该类标准是一个不同于印刷过程控制的全面的印刷图像质量要求标准，既有可由分光光度计等仪器测试完成的质量测度（如色度值、色差等），也有需要基于数字成像和图像处理技术才能完成的质量测度（如 ISO/IEC TS 24790: 2012 标准的斑点、颗粒度等），在丰富印刷图像质量测评内容的同时，也为其实施和应用带来挑战。

印品图像质量测评是一个重要的研究领域，新的质量测度会不断出现，上述标准也许会很快被修订。尽管如此，每类标准的完善过程也同时是继承的过程，对已有内容的了解有助于对新内容的认知。

第2章 印刷图像的颜色质量

颜色是彩色印刷图像的首要质量元素，颜色质量占了印刷图像感官质量的约 80%。针对所有印刷技术印刷图像质量的 ISO/TS 15311-1:2020 标准和针对数字印刷技术印刷图像质量的 ISO/TS 15311-2: 2018 标准，都含有多方面的颜色质量测度。

2.1 CIE 色度和色差

国际照明委员会（Commission International de I'Eelairage，CIE）为专门研究光与照明问题的国际化组织，颜色为其主要研究方向之一。从 20 世纪 30 年代开始，该组织综合了一些颜色科学家的研究和实验成果，建立了一套标准的色度体系，称为 CIE 标准色度体系，是颜色计算、测量、表示与交流的基础。

2.1.1 CIE 标准色度系统

CIE 标准色度体系中对颜色的数值表征包括小视场的 CIE 1931 RGB 系统和 CIE 1931 XYZ 系统，大视场的 CIE 1964 补充色度系统及相对应的 CIE 1964 W*U*V* 和 CIE 1976 L*a*b* 均匀颜色空间。目前，在印刷领域应用较多的是 CIE 1931 XYZ 和 CIE 1976 L*a*b*（也称为 CIELAB）色度系统。

1. CIE 1931 XYZ 色度值

一个样品色，在某一光源照射下呈现颜色的 CIE XYZ 色度值（也称为三刺激值）的计算式为

$$X = k\int_{380nm}^{780nm} S(\lambda)\rho(\lambda)\overline{x}(\lambda)\mathrm{d}\lambda$$

$$Y = k\int_{380nm}^{780nm} S(\lambda)\rho(\lambda)\overline{y}(\lambda)\mathrm{d}\lambda \qquad (2-1)$$

$$Z = k\int_{380nm}^{780nm} S(\lambda)\rho(\lambda)\overline{z}(\lambda)\mathrm{d}\lambda$$

其中

$$k = \frac{100}{\int_{380nm}^{780nm} S(\lambda)\overline{y}(\lambda)\mathrm{d}\lambda} \qquad (2-2)$$

式（2-1）和（2-2）中的$S(\lambda)$为 CIE 标准照明体，即照明光源的光谱功率分布函数；$\overline{x}(\lambda)$、$\overline{y}(\lambda)$、$\overline{z}(\lambda)$为标准观察者函数，代表人眼视觉的锥体细胞感色特性；$\rho(\lambda)$为样品表面的光谱反射系数函数，是样品物体的本征光谱特性。式（2-2）所示的调节因子 k 由将光源的亮度 Y 视为 100 这一假定而确定。

视觉实验表明，颜色客体的尺寸大小影响眼睛的感色结果，因此上述式（2-1）和式（2-2）用于表征颜色客体尺寸对眼睛成像中心的张角小于 4° 的情况，也称为 2° 视场。而对于颜色客体尺寸对眼睛成像中心的张角大于 4°（称为 10° 视场）的情况，人眼感色特性与式（2-1）中有所不同，此时记为$\overline{x}_{10}(\lambda)$、$\overline{y}_{10}(\lambda)$、$\overline{z}_{10}(\lambda)$，则 CIE XYZ 色度计算式为

$$X_{10} = k_{10}\int_{380nm}^{780nm} S(\lambda)\rho(\lambda)\overline{x}_{10}(\lambda)\mathrm{d}\lambda$$

$$Y_{10} = k_{10}\int_{380nm}^{780nm} S(\lambda)\rho(\lambda)\overline{y}_{10}(\lambda)\mathrm{d}\lambda \qquad (2-3)$$

$$Z_{10} = k_{10}\int_{380nm}^{780nm} S(\lambda)\rho(\lambda)\overline{z}_{10}(\lambda)\mathrm{d}\lambda$$

其中

$$k_{10} = \frac{100}{\int_{380nm}^{780nm} S(\lambda)\overline{y}_{10}(\lambda)\mathrm{d}\lambda} \qquad (2-4)$$

实际应用中，式（2-1）～（2-4）中的积分用求和代替。常用的分光光度计颜色测量仪器为测量 10nm 间隔的表面色物体光谱反射系数$\rho(\lambda)$后由式（2-1）～（2-4）变为求和的形式计算出颜色的 CIEXYZ 色度值。

2. CIE 1976 L*a*b* 色度值

CIE 1976 L*a*b*（也称为 CIELAB）色度系统是印刷或打印复制工业中应用最多的颜色度量值。该色度值源于 CIEXYZ，计算关系式为

$$L^* = 116F(Y/Y_n) - 16$$
$$a^* = 500\left[F(X/X_n) - F(Y/Y_n)\right] \qquad (2\text{-}5)$$
$$b^* = 200\left[F(Y/Y_n) - F(Z/Z_n)\right]$$

其中，$F(X/X_n)$、$F(Y/Y_n)$、$F(Z/Z_n)$ 为分段函数，且具有相同的表达形式：

$$F(X/X_n) = \begin{cases} (X/X_n)^{1/3}, & (X/X_n) > 0.008856 \\ 7.787(X/X_n) + 0.1379, & (X/X_n) \le 0.008856 \end{cases}$$

$$F(Y/Y_n) = \begin{cases} (Y/Y_n)^{1/3}, & (Y/Y_n) > 0.008856 \\ 7.787(Y/Y_n) + 0.1379, & (Y/Y_n) \le 0.008856 \end{cases} \qquad (2\text{-}5a)$$

$$F(Z/Z_n) = \begin{cases} (Z/Z_n)^{1/3}, & (Z/Z_n) > 0.008856 \\ 7.787(Z/Z_n) + 0.1379, & (Z/Z_n) \le 0.008856 \end{cases}$$

式（2-5）和（2-5a）中的 X、Y、Z 为颜色样品的三刺激值；X_n、Y_n、Z_n 为 CIE 标准照明体照射到完全漫反射体表面的三刺激值，代表照明光源的颜色。在公式（2-5）中引入 X_n、Y_n、Z_n 的目的是模拟人眼色适应的效果，即无论照明光源的颜色如何，当眼睛适应了该光源后，它照射到完全漫反射体上所产生的颜色感觉都为白色，色品指数 a^*、b^* 都应该为 0，即抵消了光源本身的颜色。

一般情况下，大部分三刺激值 X、Y、Z 都会大于 0.008856，此时式（2-5）就化为一般常见的形式：

$$L^* = 116(Y/Y_n)^{1/3} - 16$$
$$a^* = 500\left[(X/X_n)^{1/3} - (Y/Y_n)^{1/3}\right] \qquad (2\text{-}6)$$
$$b^* = 200\left[(Y/Y_n)^{1/3} - (Z/Z_n)^{1/3}\right]$$

式（2-6）中的 L^* 称为明度，为正值，取值范围为 0～100，0 对应全吸收的理想黑色，100 对应全反射的理想白色。a^*、b^* 称为色品指数，可正可负。若将 a^*、b^* 构成直角坐标系，用 $+a^*$ 表示（品）红色，$-a^*$ 表示绿色，而 $+b^*$ 表示黄色，$-b^*$ 表示蓝色。因此，a^* 轴也常称为红绿轴，b^* 轴也常称为黄蓝轴。

将 CIE 1976 L*a*b* 色度值构成三维空间，明度 L^* 作为竖直轴，a^*、b^* 分量为与 L^* 轴垂直的平面，且将 a^*b^* 直角坐标变换为极坐标，则三维直角坐标变为柱坐标：

$$L^* = 116\left(Y/Y_n\right)^{1/3} - 16$$

$$h_{ab}^* = \frac{180}{\pi} tg^{-1}\left(\frac{b^*}{a^*}\right) \tag{2-7}$$

$$C_{ab}^* = \sqrt{\left(a^*\right)^2 + \left(b^*\right)^2}$$

式（2-7）中，h_{ab}^* 称为色调角（或色相角），表征颜色的色相，取值范围为 $0° \sim 360°$，以正 a^* 轴方向为 $0°$ 方向，逆时针方向为正方向；C_{ab}^* 称为彩度，为样品坐标点到原点的距离，即 a^*b^* 平面极坐标的半径，表征颜色的鲜艳度；L^* 则如上所述，表征颜色的深浅。

式（2-7）所示的三个描述量分别对应颜色的明度、色调和饱和度三个视觉感知属性，因此式（2-7）所示描述方式的好处就是将 CIE 1976 L*a*b* 色度值变为与颜色三属性直接对应的物理量，便于颜色之间的比较与分析。

2.1.2　色差公式

色差公式的研究一直在进行，至今已有 CIE 1976 L*a*b* 色差、CMC(l:c) 色差、CIE94 色差和 CIEDE2000 色差。多年以来，印刷等行业大多使用 CIE 1976 L*a*b* 色差，但随着与视觉对应更优的色差公式的开发，CIEDE2000 色差为各行业所青睐，如第 1 章所述，印刷图像质量标准 ISO/TS 15311-1 和 ISO/TS 15311-2 中的颜色复制精度就均已采用 CIEDE2000 色差表征。因此，在此仅介绍基础的 CIE 1976 L*a*b* 和目前多采用的 CIE DE2000 色差计算公式。

1. CIE 1976 L*a*b* 色差

CIE 1976 L*a*b* 色度构成的三维颜色空间称为均匀的颜色空间，原因是该色空间中的两个颜色坐标之间的几何距离与两个颜色间视觉感知的颜色差异相对应，因此常用这个几何距离表征色差，计算公式为

$$\Delta E_{ab}^* = \sqrt{\left(L_1^* - L_2^*\right)^2 + \left(a_1^* - a_2^*\right)^2 + \left(b_1^* - b_2^*\right)^2} = \sqrt{\left(\Delta L^*\right)^2 + \left(\Delta a^*\right)^2 + \left(\Delta b^*\right)^2} \tag{2-8}$$

或

$$\Delta E_{ab}^* = \sqrt{\left(\Delta L^*\right)^2 + \left(\Delta H_{ab}^*\right)^2 + \left(\Delta C_{ab}^*\right)^2} \tag{2-8a}$$

且有

$$\Delta C_{ab}^* = \sqrt{\left(a_1^*\right)^2 + \left(b_1^*\right)^2} - \sqrt{\left(a_2^*\right)^2 + \left(b_2^*\right)^2} \tag{2-8b}$$

$$\Delta H_{ab}^* = \sqrt{\left(\Delta E_{ab}^*\right)^2 - \left(\Delta L^*\right)^2 - \left(\Delta C_{ab}^*\right)^2} \tag{2-8c}$$

其中，ΔC_{ab}^* 为彩度差［即第 1 章中的式（1-1）］，而 ΔH_{ab}^* 为两个颜色的色调差（注意不是色调角度差 Δh_{ab}^*）。

ΔE_{ab}^* 色差与颜色差异感觉的大致对应关系如表 2-1 所示。

表 2-1　CIE 1976 L*a*b* 色差 ΔE_{ab}^* 与颜色差异感觉的大致对应关系

NBS 单位色差值	感觉色差程度
0.0 ～ 0.5	痕迹
0.5 ～ 1.5	轻微
1.5 ～ 3.0	可察觉
3.0 ～ 6.0	可识别
6.0 ～ 12.0	大
12.0 以上	非常大

2. CIEDE2000 色差

CIEDE2000 色差公式由 CIE 于 2001 年推出，命名为 CIE 2000（△L′，△C′，ΔH′）色差公式，简称 CIEDE2000。

CIEDE2000 色差公式的完整表述如下：

$$\Delta V = k_E^{-1} \Delta E_{00}^* \tag{2-9}$$

$$\Delta E_{00}^* = \left[\left(\frac{\Delta L'}{k_L S_L} \right)^2 + \left(\frac{\Delta C'}{k_C S_C} \right)^2 + \left(\frac{\Delta H'}{k_H S_H} \right)^2 + R_T \left(\frac{\Delta C'}{k_C S_C} \right) \left(\frac{\Delta H'}{k_H S_H} \right) \right]^{0.5} \tag{2-10}$$

式（2-9）的 ΔV 为被感知的色差，式（2-10）的 ΔE_{00}^* 为 CIEDE2000 色差，称 ΔV 中的因子 k_E^{-1} 为总色差 ΔE_{00}^* 的视觉敏感度。对于一般的工业应用，可不考虑 ΔE_{00} 色差的视觉敏感度，直接使用 ΔE_{00}^* 来表示色差感觉。

式（2-10）中的 $\Delta L'$、$\Delta C'$、$\Delta H'$ 分别表示明度差、彩度差和色调差，并按下列各式计算：

$$\Delta L' = L_b' - L_s'$$

$$\Delta C' = C_b' - C_s' \tag{2-11}$$

$$\Delta H' = 2(C_b' C_s')^{0.5} \sin(\Delta h'/2)$$

式（2-11）中的角标 b 和 s 分别表示被测色样和标准色样。其他色度量为：$L' = L^*$（CIE 1976 L*a*b* 明度）；$C' = \sqrt{a'^2 + b'^2}$，$a' = a^*(1+G)$，$b' = b^*$（CIE 1976 L*a*b* 色度）；$h' = \frac{180}{\pi} \arctan(b'/a')$，$\Delta h' = h_b' - h_s'$，为两个颜色的色调角差。其中的 G 为红绿轴的调整因子，是彩度的函数：

$$G = 0.5 \left[1 - \sqrt{\frac{\overline{C_{ab}^*}^7}{\overline{C_{ab}^*}^7 + 25^7}} \right] \tag{2-12}$$

式中的$\overline{C^*_{ab}}$是根据被测色样和标准色样两者的 CIE 1976 L*a*b* 彩度的算数平均值。

式（2-10）中的权重函数S_L、S_C、S_H用来校正颜色空间的均匀性，分别由下式计算：

$$
\begin{cases}
S_L = 1 + \dfrac{0.015\left(\overline{L'} - 50\right)^2}{\sqrt{20 + \left(\overline{L'} - 50\right)^2}} \\[4mm]
S_C = 1 + 0.045\overline{C'} \\[2mm]
S_H = 1 + 0.045\overline{C'}T
\end{cases}
\tag{2-13}
$$

式中，

$$
T = 1 - 0.17\cos\left(\overline{h'} - 30\right) + 0.24\cos\left(2\overline{h'}\right) + 0.32\cos\left(3\overline{h'} + 6\right) - 0.20\cos\left(4\overline{h'} - 63\right)
\tag{2-14}
$$

式（2-13）和式（2-14）中的$\overline{L'}$、$\overline{C'}$、$\overline{h'}$分别为被测色样和标样 CIE1976 L*a*b* 色度明度、彩度和色调角的算数平均值。

式（2-10）中的R_T称为旋转函数，用来校正蓝色区域色分辨椭圆主轴方向的偏转，计算式为

$$
R_T = -\sin\left(2\Delta\theta\right)R_C
\tag{2-15}
$$

式中的$\Delta\theta$是由色调决定的旋转角度，R_C是根据彩度变化的旋转幅度，分别由下式决定：

$$
\Delta\theta = 30\exp\left(-\left(\frac{\overline{h'} - 275}{25}\right)^2\right)
\tag{2-16}
$$

$$
R_C = 2\sqrt{\frac{\overline{C'}^7}{\overline{C'}^7 + 25^7}}
\tag{2-17}
$$

式（2-10）中的参数因子k_L、k_C、k_H是与使用条件相关的校正系数，是影响色差感觉的因素。

CIE 给定了一组标准观测条件，如表 2-2 所示，此时，$k_L = 1$、$k_C = 1$、$k_H = 1$。若不符合此条件，则要根据工业色差评估条件来确定这些系数值。例如，纺织业通常取$k_L = 2$、$k_C = 1$、$k_H = 1$。但对于印刷业来说，多用 2° 视场为观测颜色条件，与表 2-2 的标准条件有一定差异。根据经验，印刷业推荐使用$k_L = 1.4$、$k_C = 1$、$k_H = 1$。

表 2-2　CIE 推荐的计算色差的标准观察条件

照明光源	模拟 CIE 标准照明体 D65 相对光谱功率分布
照度	1000lx
观察者	正常色觉观察者

续表

背景	具有中等明度（L^*=50）的均匀灰色
样品模式	物体色
色样大小	大于 4° 视场
色样间隔	两个样品间隔直接接触，色样间距尽量小
色差幅度	0～5 个 CIELAB 色差单位
色样表面结构	颜色均匀，无可见花纹或均匀性

CIEDE2000 色差与 CIE 1976 L*a*b* 色差 ΔE_{ab}^* 没有固定的关系，但绝大部分颜色的 CIEDE2000 色差小于 CIE 1976 L*a*b* 色差 ΔE_{ab}^*。实测 HP Indigo5500 数字印刷机使用铜版纸输出的 530 个颜色，其与标准的 Japan 胶印输出颜色的 CIE 1976 L*a*b* 色差 ΔE_{ab}^* 与对应的 CIE DE2000 色差 ΔE_{00}^* 的对比如图 2-1 所示。

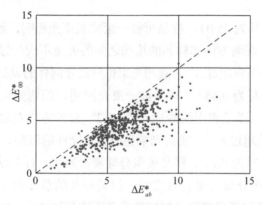

图 2-1　特定样品间 CIELAB 色差与 CIEDE2000 色差的对应

从图 2-1 看到，绝大部分颜色的 ΔE_{00}^* 值小于 ΔE_{ab}^*，只有个别颜色 ΔE_{00}^* 值大于 ΔE_{ab}^*，各自的平均色差分别为 4.50 和 6.06。

ISO TC 130 的标准文本中已将 CIE 1976 L*a*b* 色差替换为 CIEDE2000 色差。如第 1 章中所述，ISO/TS 15311-1 和 ISO/TS 15311-2 标准中已均不再使用 CIE 1976 L*a*b* 色差，而是使用 CIEDE2000 色差。

2.1.3　色度测量条件

实践中，2.1.1 节和 2.1.2 节的 CIE 色度值和色差的获得需基于颜色测量仪器。

目前，印刷等行业多使用分光光度计测量反射样品（不透明物体）的 CIE 色度值。其测量原理是：利用仪器内部的光源依一定的几何光路照射样品表面并接收反射光；而且，有特定的分光器件对光源进行分光，分别对一定波长间隔的各单色光进行测量，从而获得可见光内一定波长间隔的各单一波长光的反射系数；再根据式（2-1）和式（2-2）来计算获得某一标准光源下样品的 CIE 色度值。这其中，光路的几何条件和光源的光谱特性两个因素对色度测量结果具有显著影响。

1. 几何条件

对于反射样品的颜色测量，CIE 推荐了四种照明和观察条件作为标准的几何条件，分别如图 2-2 所示。

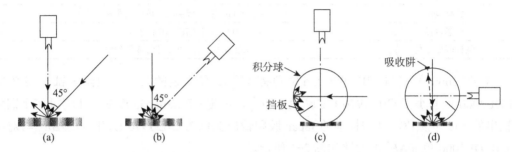

图 2-2 CIE 推荐四种照明 / 观测条件：（a）45/0；（b）0/45；（c）d/0；（d）0/d

（1）45°/垂直（缩写为 45/0）。样品可被一束或多束光照明，照明光束轴线与样品表面法线成 45°±2°角。观测方向和样品的法线之间的夹角不应超过 10°。照明光束的任一光线和光轴之间的夹角不应超过 8°，观测光束也应遵守同样的限制，如图 2-2（a）所示。

（2）垂直 /45°（缩写为 0/45）。样品被一束光照明，照明光束轴线和样品法线间的夹角不应超过 10°。在与样品表面法线成 45°±2°角的方向观测。照明光束的任一光线和其光轴之间的夹角不超过 8°。观测光束也应遵守同样的限制，如图 2-2（b）所示。

（3）漫射 / 垂直（缩写为 d/0）。样品被积分球漫射照明，样品法线和观测光束轴线间的夹角不应超过 10°。积分球可是任意直径，但其开孔的总面积不应超过积分球内反射总面积的 10%。观测轴线和任意观测光线间的夹角不应超过 5°，如图 2-2（c）所示。

（4）垂直 / 漫射（缩写为 0/d）。样品被一束光照明，照明光束轴线和样品法线之间的夹角不超过 10°。漫反射通量借助于积分球来收集，镜面反射通量被吸收阱吸收。照明光束的任一光线和光轴之间的夹角不超过 5°。积分球的大小可以随意，但其开孔的总面积不应超过积分球内反射总面积的 10%。一般测色标准型积分球内径是 200mm，如图 2-2（d）所示。

一些带有漫反射和镜面反射混合反射的样品，其镜面反射的影响可用光泽吸收阱来消减。照明光束和观测方向不应完全在样品的法线方向上，以避免照明器或探测器与样品之间相互反射的影响。

图 2-2 中采用 45/0 或 0/45 光路的测量更符合目视观察样品的情况，比积分球法能更有效地将镜面反射部分排除在外，所以常用于彩色图像的测量和印刷图像的评价。虽然此条件比积分球更接近于目视观察条件，但更好的近似值可能是这两种情况的某种加权和，因为虽然大多数观察条件是由具有一定方向性的光源构成，但环境光为漫射光，在许多情况下它在总照明中较为重要。

图 2-2 中积分球照明或积分球探测的主要优点是几乎与样品的表面结构无关。这一点对许多纺织品和纸张的测量非常有用，因为它们的毛面和光面有显著的差别。积分球几何

条件可用作测量样品的漫反射或全反射（包括漫反射和镜面反射）特性。镜面反射部分可包括在内，只要不加光泽吸收阱去消除样品的第一次表面反射即可，此时测得的是全反射量。用光泽吸收阱消除样品的镜面反射则测得的是漫反射量。透射样品也能用有积分球的几何条件测量，同样可测得漫透射量或全透射量（包括正透射量和漫透射量）。

如图 2-2 所示的几何条件并非适宜所有反射样品的测量。例如，珠光漆与金属漆构成的涂层样品（如汽车车身板面），因其不同方向反射光的颜色不同，图 2-2 的几何条件接收的反射光就不足以表征这种表面反光特性，需要能够提供多个反光角度颜色测量的光路条件，对应的仪器称为多角度分光光度计。

2. 测量条件

印刷业中使用的绝大多数分光光度计等测色仪器内部光源使用白炽灯，其光谱接近国际照明协会（CIE）规定的标准照明体 A，色温为（2856±100K）。但印刷业规定的印刷品观测照明条件及颜色表征 CIE 色度值均对应 D50 标准照明体。如果仅仅是测量可见光内由光源中单色光自身的入射和反射能量对应的光反射率，光源的光谱能量分布并不影响单色光反射率的计量。但是，为使其视觉上更白，印刷和打印行业常用含有荧光增白剂的纸张。其光谱反射率测量中，激发荧光转换为蓝紫光（增加视觉白度）的紫外光并未被计入蓝紫光反射率计算的入射光能量中，只是增加了蓝紫光反射光强度的计量，因此常出现在该波段反射系数大于 1 的情况。如图 2-3 所示为一含有荧光增白剂纸张的实测反射系数曲线，在 420～450nm 的蓝紫光波段内出现了反射系数大于 1 的情况；相比之下，不含荧光增白剂的纸张在可见光范围内均不会出现反射系数大于 1 的结果，符合常规物理现象。

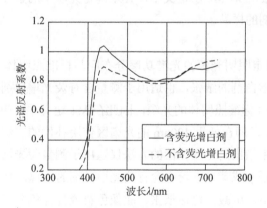

图 2-3　纸张的光谱特性比较（M1 条件）

本质上，图 2-3 中 420～450nm 蓝紫光反射系数大于 1 的数值决定于该光谱波段内来源于荧光现象增加的反射光能量。因此，照明光源中含有的具有激发出荧光并最终转换为蓝紫光的紫外光光量就对蓝紫光反射系数的计量构成了影响。

如图 2-4 所示，标准照明体 A 和标准照明体 D50 的光谱功率分布不同，380nm 以下的紫外光能的相对比重不同，这种不同最终会造成计量蓝紫光反射系数的差异，进而形成纸张色度计算结果的不同。

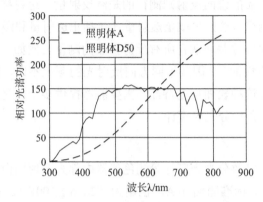

图 2-4　标准照明体的光谱功率分布

由于这一因素，ISO 13655:2017（Graphic technology-Spectral measurement and colorimetic computation for graphic arts images——印刷图像的光谱测量和色度计算）制定了适于含有不同荧光增白剂介质的四种不同的测试用照明光源，称为测量条件，分别为 M0、M1、M2 和 M3。具体内容如下：

（1）测量条件 M0

测量用光源为非常接近标准照明体 A 的白炽灯。这是印刷行业中颜色测量仪器最早使用的测量条件，目前的测色仪器也都支持这一条件。将对应的测试结果称为 M0 条件色度。

但 ISO 13655:2009 标准对 M0 的定义中，并未确定光源中的紫外光含量，所以不适合用于测量含有荧光增白剂的样品。

（2）测量条件 M1

M1（第一部分）规定照明光源的光谱功率分布应与标准照明体 D50 匹配，这一条件既适用于测量含有荧光增白剂的纸张，也适用于测量含有荧光增白剂的油墨。但便携式仪器中很难有真正符合 D50 标准照明体的光源，因此在 M1 定义中，也规定满足 M1 要求的第二种方法（第二部分），即在低于 400nm 的光谱区使用补偿的方法来达到与标准照明体 D50 光谱的匹配。标准中指出，这一补偿的方法仅适用于测量荧光增白纸，且要求成像色料不含荧光，即不适于墨水或荧光碳粉中含有荧光增白剂的情况，且需慎重使用。

测量条件 M1 的使用，可减少包括纸张、成像色料或打样色料等因荧光现象而导致的因光源不规范而造成的测量结果差异。

（3）测量条件 M2 和 M3

M2 条件是排除紫外光的测量条件，等同于以前的去除 UV（UV-Cut）、没有 UV（No UV）、UV 滤镜（UV-Filtered）等情况。

M3 条件则是偏振光条件，也包含了 M2 的紫外光去除，并增加了偏振光的定义。偏振光用于某些消除或减小镜面反射光的测量仪器中。

图 2-5 为用 i1 pro Rev E 分光光度测量计的一种含有荧光增白剂的铜版纸 M0、M1 和 M2 条件的光谱反射率曲线。由于 M0 和 M1 条件都是计量了紫外光的测量，而 M2 条件排除了紫外光的测量，所以从图 2-5 中三个条件下光谱反射系数曲线的差异看到，没有计量紫外光影响的 M2 条件较计量紫外光影响的 M0、M1 条件在蓝紫光部位的光谱反射系数要低得多；同时，由于 M1 条件较 M0 条件对应的照明光源含有更多的紫外光，因而表现为 M1 条件下在紫外激发的蓝紫光部位产生了更多的反射光，进而形成了更高的反射率。

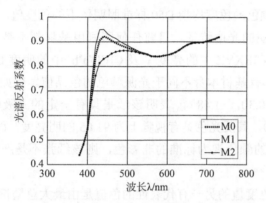

图 2-5　含有荧光增白剂的铜版纸光谱反射系数

理论上每种测量条件的使用场合都相对清晰。M0 适用于基材和成像色料都不含荧光增白剂的情况（此时没有荧光效应，M0 条件光源的不适用性也就没有影响）。M1（第一部分）适用于基材或成像色料或二者都含有荧光增白剂的情况。M1（第二部分）则仅适于基材含有荧光并需表征荧光特性的情况，此时要求成像色料不含荧光。M2 也可用于纸张荧光，但消除了荧光对色度数据的影响，即没有计入荧光的作用。M3 适用于特殊用途，即使用偏光，减小第一表面反射等。

针对各种彩色印刷技术印刷图像质量的 ISO/TS 15311-1: 2020 标准和针对数字印刷技术印刷图像质量的 ISO/TS 15311-2: 2018 标准中均已明确，印刷图像质量评估中使用 M1 条件对应的 CIE 色度值。

2.2　色度的不同表征

印刷或打印输出在基材（承印物）上的颜色以 CIEL*a*b* 色度值表征，由测色仪器直接测量得到。但在不同的颜色输出和应用流程中，往往使用的颜色色度值并非只有仪器测量值，还会使用以其为基础的变化了的颜色值。因此，对输出设备颜色复制质量的评估往往分别针对直接测量的颜色值和其他变换后的颜色值进行。

2.2.1 绝对色度

所谓绝对色度，是指由测色仪器对印刷图样直接测量的 CIEXYZ 或 CIEL*a*b* 色度值。包括基材本身的色度，以及印刷图像的各种颜色的色度，分光光度计仪器中即由第 2 章中的式（2-1）、式（2-2）和式（2-5）计算得到。为了与变换后的色度值相区别，也称之为绝对色度。

从式（2-1）、式（2-2）和式（2-5）看出，CIEXYZ 或 CIEL*a*b* 色度值均与照明光源有关，在印刷行业及 ICC 色彩管理技术中，均选用 D50 标准照明体作为标准光源。后续如无特别说明，则颜色的色度均指 D50 标准照明体下的色度值。

由于来源于物体客观的光谱特征，目前任何印刷用基材都不是完全的漫反射表面，所以测量的绝对色度值 CIEXYZ 中的亮度 Y 及 CIEL*a*b* 中的明度 L^* 不可能是 100（100 代表没有吸收），且还具有基材本身不同于光源颜色的色品值。例如，一胶印使用纸张的 CIEL*a*b* 值为（91.05，0.30，−1.48），表明该纸张具有一定的光吸收能力，相对于照射光源的明亮度认定为 100，其反光色具有视觉上为 91.05 的明亮度，而其 a^*、b^* 值不为 0，则表明若将 D50 照明体的颜色视为标准的非彩色，则该纸张不是严格的非彩色，带有些许彩色特征。

输出复制中，绝对色度值的另一有代表性的色值是由最大总墨量对应的色度值，为可输出的最暗色，也称为黑点，印刷行业中称为最大密度色。例如，黑点 CIEL*a*b* 值为（11.29，0.33，−0.22）。实际的物体，几乎没有完全吸收而没有反射的情况，所以这个最暗黑点的明度值 L^* 不可能为零。

基材颜色和黑点色的明度值 L^* 决定了复制输出体系客观可形成的图像阶调层次可取范围，也决定了图像的整体反差。理论上，基材的 L^* 值越大、黑点的 L^* 值越小，可复制输出的明亮调反差就越大，层次就越多，图像看起来也就越通透。

表 2-3 给出了常见标准印刷和一个喷墨打样机所用纸张及在总模量限制下最暗色的 CIELAB 色度值 L*a*b*（D50 照明体）。

表 2-3　印刷输出用纸张及最暗色色度

印刷 / 打印输出系统	CIEL*a*b*					
	纸张			最暗色（黑点）		
PSOcoated_v3_FOGRA51	95.00	1.50	−6.03	14.24	0.07	4.77
PSOuncoated_v3_FOGRA52	93.47	2.53	−10.11	28.80	1.45	1.89
PSOsc-b_paper_v3_FOGRA54	88.30	−0.50	4.18	21.06	−0.16	−1.96
JapanColor2001Coated	91.05	0.30	−1.48	11.91	1.68	0.28
JapanColor2001Uncoated	92.32	0.14	−0.35	31.37	0.54	0.41
USWebCoatedSWOP	88.73	−0.25	3.65	13.76	0.46	1.08
USNewsprintSNAP2007	80.11	0.03	3.52	35.82	0.60	1.71

按绝对色度的印刷输出颜色质量评估采用第 1 章表 1-4 所示内容。

2.2.2　介质相对色度

在部分情况下，生产所用纸张与参考纸张的颜色色差较大，如 CIEDE2000 色差为 3.2。这时，可能就需要调整印刷目标值，即不再以绝对色度参考为目标。

虽然到目前为止，还没有可靠的方法确定这样的调整是否必要，也没有公认的方法确定如何进行调整，但当所用纸张与参考纸张的颜色差异较大时，做一些调整还是有必要的。ISO 12647-2:2013—印刷技术—网目调分色片、样张和印刷成品的加工过程控制—第 2 部分：胶印（Graphic technology-Process control for the production of half-tone colour separations, proof and production prints-Part 2: Offset lithographic processes）标准给出了一个基于视觉观测的较为成功的调节方法。

该方法过程为：如果在两个不同的承印物上呈现相同的图像，则颜色视觉最佳匹配下，两个承印物上颜色的色度值具有式（2-18）所示近似为线性的关系：

$$X_2 = X_1(1+C) - X_{\min}C \qquad (2\text{-}18)$$

其中，C 为常数，按以下公式计算：

$$C = (X_{S2} - X_{S1}) / (X_{S1} - X_{\min}) \qquad (2\text{-}19)$$

式（2-19）中的 X_{S1} 和 X_{S2} 分别为承印物 1 和承印物 2 的颜色三刺激值之 X 测量值，$X_{\min}$ 为承印物 1 上的所有颜色 X 测量值中的最小值。

式（2-18）中的 X_1 为承印物 1 上颜色的三刺激值之 X 测量值，X_2 则为最佳匹配下承印物 2 上应有的颜色三刺激值之 X 值。

三刺激值中的 Y、Z 关系形式上与式（2-18）和式（2-19）完全相同。

ISO/TS 15311-1:2020 标准中，将式（2-18）进行了简化，即假定 $X_{1\min}$ 为 0，此时式（2-18）变为

$$X_2 = X_1(X_{s2} / X_{s1}) \qquad (2\text{-}20)$$

Y、Z 关系形上同于式（2-20）。

该方法也称为三刺激值校正法。

这一方法的含义是，当承印物 2 与承印物 1 的颜色差异较大时，承印物 2 上的颜色三刺激不能与承印物 1 上的 X_1 Y_1 Z_1 相同，而需改变为由式（2-18）确定的新的三刺激 X_2 Y_2 Z_2，这样视觉上两个承印物上的颜色才更加匹配。因此，X_2 Y_2 Z_2 称为生产用承印物 2 上要达到参考承印物 1 上颜色匹配图像的目标色度值；同时，将式（2-18）或式（2-20）经承印物颜色转换后的颜色值称为介质相对色度。基于介质相对色度的印刷图像颜色复制精度评估则采用第 1 章表 1-5 所示内容。

对式（2-18）和式（2-20）决定的新的印刷图像颜色目标值有两个特殊颜色需要认识，一个是承印物新的目标参考值，另一个是最暗色黑点新的目标参考值。

将 $X_1 = X_{S1}$ 代入式（2-18）或式（2-20）中，均可得到 $X_2 = X_{S2}$；Y、Z 的结果类同。这表明，新的承印物目标色值由原来的参考值（承印物 1 的色度值）变成了生产实际使用的承印物 2 的颜色测量值。也就是说，由于实际使用的承印物与参考承印物颜色差异较大，因而不再以参考承印物为目标，而是变成了以生产所用承印物本身为标准。由此所引起的其他颜色值的变化，则反映了眼睛对所用承印物颜色适应后保持原参考色视觉属性不变所需要的改变。

对于黑点的变化，将 $X_1 = X_{1min}$ 代入式（2-18）中，有 $X_2 = X_{1min}$；若使用式（2-20），则有 $X_2 = X_{1min}\left(X_{S2} / X_{S1}\right) = 0$［式（2-20）成立的前提是 $X_{1min} = 0$］。同理，Y、Z 的结果类同。于是，由式（2-18）得到的 $X_2 = X_{1min}$（同时 $Y_2 = Y_{1min}$ 和 $Z_2 = Z_{1min}$）结果表明，尽管调整颜色目标为适应了生产所用的承印物，但黑点的目标仍为原参考目标不变。

经上述变换后新的目标颜色中，纸白色为实际所用纸白色，黑点色仍为原参考黑点色，介于这两个极端色之间颜色目标值发生的变化有由式（2-18）或式（2-20）决定的内在规律。

例如，在印刷生产中，原参考目标 $L_1^* a_1^* b_1^*$ 中纸张的 CIEL*a*b* 色度值为（95.26，-0.02，-1.22），生产所用纸张的 CIEL*a*b* 色度值为（92.26，1.98，-3.22），两者间的 DE2000 色差达 3.75。利用参考输出纸张上的 530 个参考颜色数据［其中，黑点的色度为 $XYZL^*a^*b^* = $（1.09，1.13，1.02，10.00，0，-1.51）］，采用上述校正方法，得到生产输出颜色评估使用的新目标色度值 $L_2^* a_2^* b_2^*$（介质相对颜色值）较原目标参考色度值的变化分别如图 2-6(a) ~ 图 2-6(c) 所示。图中同时给出了考虑黑点和黑点近似为 0 两种情况对应的结果。横坐标分别为原参考目标的 CIELAB 色度的 L^* 值，且已将色样按明度从小到大排序；纵坐标分别为调整后的目标值与原参考目标值的改变量。同时给出了考虑黑点的实际色度和将黑点色度近似为 0 两种情况的结果。

首先，观察图 2-6 中实线和 "○" 所示计量实际黑点色度的情况。从图 2-6(a) ~ 图 2-6(c) 可以看到，新的目标值 L_2^*、a_2^*、b_2^*（相对色度）较原目标值 L_1^*、a_1^*、b_1^* 产生了差异。相对于原参考目标色，新目标色黑点的色度变化为 0，即与原目标色相同，而明亮的纸白色色度变化最大，变为生产所用纸张的色度。其他目标色值的变化具体表现为：如图 2-6(a) 曲线所示，随着明度的增加，新颜色目标的明度值 L^* 逐渐靠近所使用纸张的明度。而图 2-6(b) ~ 图 2-6(c) 表明，新目标色的 a^*、b^* 值变化量没有与原颜色目标的 L^* 值单调的变化关系，但均最终变化为生产所用纸张的 a^*、b^* 色度值。

其次，从图 2-6(a) ~ 图 2-6(c) 中虚线和 "." 所示的将实际黑点色度近似为 0［使用公式（2-20）］的情况可以看到，将黑点色度近似为 0 得到的新的目标色度较计量实际黑点色度的情况有所差异，特别是在中等明度以下的较暗色区域差异较大。ISO/TS 15311-1:2020 标准中对其所用等同于式（2-20）的变换方法作注解时也表示，对于暗色调会带来较大误差，特别对近灰色颜色的色调影响显著。

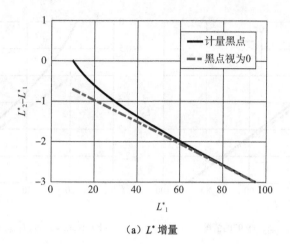

（a）L^* 增量

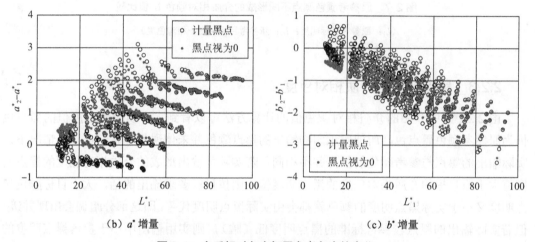

（b）a^* 增量　　　　　　　　　（c）b^* 增量

图 2-6　介质相对色度与原参考色度的变化

（$L_1^*a_1^*b_1^*$：原参考目标色度；$L_2^*a_2^*b_2^*$：新参考目标色度—相对色度）

　　经分析，该实例中调整后的目标色（介质相对颜色值）与原参考目标色间的 DE2000 平均和最大色差分别为 1.49 和 3.75。

　　另外，式（2-18）和式（2-20）两种处理结果的差异会受黑点颜色值大小的影响。如图 2-7 所示，为两个设备分别使用同一纸张输出，但由于输出性能的差异，各自可输出的黑点（参考黑点）的明度差异较大时，各自介质相对色度明度的变化量。

　　从图 2-7（a）和图 2-7（b）看出，随着输出的黑点色明度值增大，图中两个曲线的差异变大，特别是在明度 L^* 较小的区域，表明由式（2-18）和式（2-20）两种处理方式形成的目标色度值差异增大。这就是说，当参考目标色的黑点不够黑时，使用式（2-20）校正可能带来更大的误差。

　　需要说明的是，当生产用纸张与参考标准纸张的色差不大时，如 CIEDE2000 色差为 1.2，印刷输出颜色的评估完全可用参考标准的颜色值。评估采用第 1 章表 1-5 所示内容。

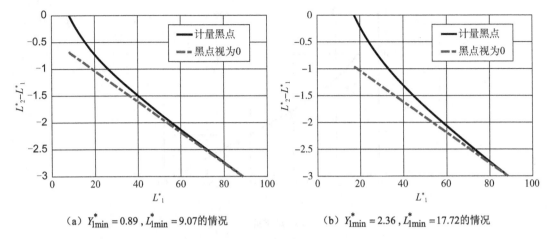

（a）$Y_{1min}^* = 0.89$，$L_{1min}^* = 9.07$的情况　　　　（b）$Y_{1min}^* = 2.36$，$L_{1min}^* = 17.72$的情况

图 2-7　原参考颜色黑点不同形成的介质相对颜色 L^* 值比较

（L_1^*：原参考目标明度；L_2^*：新参考目标明度—相对色度）

2.2.3　黑点补偿的介质相对色度

由 2.2.2 节中介绍的介质相对颜色值的计算方法可以看到，介质相对色度值的黑点色仍为原参考颜色黑点色，所使用承印物输出的黑点颜色并未体现其中。但在许多情况下，实际输出的黑点与参考颜色的黑点并不相同。若实际可输出形成的介质相对色度的黑点明度值大于原目标的介质相对色度的黑点明度值，则按目标要求输出的话，大于目标颜色黑点明度又小于实际黑点明度的颜色就都会由实际黑点明度代替，即这部分暗调会出现并级；但若实际输出的黑点较参考标准的黑点明度低（暗），则实用输出中小于参考黑点明度的这部分颜色能力就会被浪费。因此，为了避免这一现象，在输出的颜色控制环节（使用色彩管理技术）就会选择"介质相对颜色加黑点补偿"的方法，即将颜色色度目标调整为"黑点补偿的介质相对色度"。

黑点补偿（Bpc）即一种用于解决由于一台设备输出可达到的最暗黑色级别与另一台设备输出可达到的最暗黑色级别之间的差异而引起的颜色传递问题的技术。这个方法在 20 世纪 90 年代末首次在 Adobe Photoshop 中实现。

ISO 18619:2015—图像技术色彩管理—黑点补偿（Image technology colour management-Black point compensation）标准给出了"黑点补偿的介质相对色度"的求解方法。对于常规的输出设备情况，该方法由介质相对色度求解"黑点补偿的介质相对色度"的关键步骤如下：

（1）求解原目标介质相对色度的黑点色度$(L^*a^*b^*)_{SRC}$和实际输出的介质相对色度的黑点色度$(L^*a^*b^*)_{DST}$；

（2）令 $(L^*a^*b^*)_{SRC}$ 和 $(L^*a^*b^*)_{DST}$ 的 a^*、b^* 值 为 0，即有 $(L^*a^*b^*)_{SRC} = \left(L_{SRC}^*, 0, 0\right)$ 和 $(L^*a^*b^*)_{DST} = \left(L_{DST}^*, 0, 0\right)$；

（3）将$(L^*a^*b^*)_{SRC}$和$(L^*a^*b^*)_{DST}$转换为归一化三刺激值$(XYZ)_{SRC}$和$(XYZ)_{DST}$，得到原目标介质相对色度黑点的Y_{SRC}值和实际输出的介质相对色度黑点Y_{DST}值；

（4）定义两个因子如下：

$$k = \frac{1-Y_{DST}}{1-Y_{SRC}} \tag{2-21}$$

$$f = (1-k) \times \text{wp} \tag{2-22}$$

式（2-22）中的 wp 代表 ICC 标准白点的归一化三刺激值XYZ，为（0.9642, 1.0000, 0.8249）；

（5）将原目标介质相对色度值$(L^*a^*b^*)_0$变换为归一化三刺激值$(XYZ)_0$，并进行如下变换：

$$(XYZ)_{Bpc} = k \times (XYZ)_0 + f \tag{2-23}$$

（6）将$(XYZ)_{Bpc}$变换回$(L^*a^*b^*)_{Bpc}$，则$(L^*a^*b^*)_{Bpc}$即为新的目标介质相对色度值，即"黑点补偿的介质相对色度"。

如图 2-8（a）所示，为原目标的介质相对色度的黑点明度值为 11.8，而实际输出的黑点明度为 26.7 的情况。此时，对照目标要求，实际输出只能将 11.8～26.7 的深暗色用可输出的明度为 26.7 的暗色替代（出现了并级），显然，达不到保留图像视觉层次的目的。因此，需按照式（2-21）～（2-23）方法调整输出目标为"黑点补偿的介质相对色度"，并按此进行输出效果评估。此时，黑点补偿后的新目标色明度与原目标色的明度关系如图 2-8（b）所示。

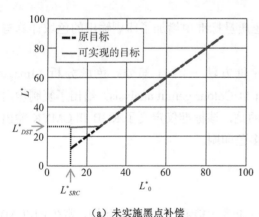

（a）未实施黑点补偿

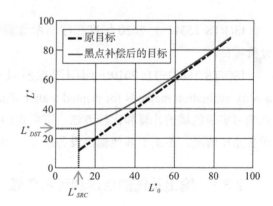

（b）实施黑点补偿后

图 2-8　介质相对色度目标明度值

比较图 2-8（a）和图 2-8（b）看到，在原来只能以实际最暗色替代一些不同明度色的情况，采用了黑点补偿后变得在明度值上有所区分，利用可用的黑色水平有效地保留了阴影细节。

从可复制的整体明度范围看，"黑点补偿的介质相对色度"不仅如介质相对色度值那样保留了实用承印物的色度为输出目标的最明亮颜色，而且保留了实际输出的黑点为目标输出的最暗色，且在两者间形成合理的明度差异。这样，图像中颜色原有的层次都会在实际输出的承印物颜色和黑点色之间合理分配，有效地避免了颜色阶调的并级现象。

在输出控制环节实施了黑点补偿后，自然也应按黑点补偿后的色度值进行颜色输出质量的评估。评估采用第 1 章表 1-6 所示内容，特别地明确要求给出参考黑点和实际输出黑点的 CIELAB 色度值。

上述输出的"黑点补偿的介质相对色度"概念来源于 ICC 色彩管理技术，如 ISO 18619 标准中方法。但严格说来，ICC 色彩管理技术中没有称之为"黑点补偿的介质相对色度"概念，只有"介质相对色度"，但也有与"保留实用承印物的色度为输出的最明亮颜色，且保留实际输出的黑点为输出的最暗色"原则相对应的颜色，称为"感知色度"。实践应用表明，ICC 色彩管理技术中的"感知色度"与这里"黑点补偿的介质相对色度"在处理黑、白之间颜色的方式并非完全相同。

市场上的许多商业软件在进行印刷或打印页面的色彩管理技术处理中均支持 ICC 标准的配置文件（Profile 文件，作为输出的参考颜色标准），但开发有基于 ICC 配置文件"相对色度"颜色转换再加上黑点补偿的颜色控制方式。例如，在 Photoshop 应用软件中，既具有支持 ICC 色彩管理系统"相对色度""感知色度"的选项，也有基于 ICC 配置文件"相对色度"再加上黑点补偿算法的颜色转换。

2.3 输出系统的色域

ISO/TS 15311-1: 2020 标准在印刷图像颜色质量标准中增加了印刷输出的色域计算与分析项目。

ISO/TS 18621-11: 2019—印刷图像质量评价方法—第 11 部分：色域分析（Image quality evaluation methods for printed matter -Part 11:Colour gamut analysis）给出了复制输出系统可实现色域的计算和比较方法。需要说明的是，该标准仅定义了 RGB 和 CMYK 输出设备系统情况，不适于其他输出设备情况，如多色印刷。

2.3.1 输出系统的色域和可用色域

印刷和打印输出系统图的色域，为输出在给定介质上能够再现的颜色范围，常在 CIELAB 色度空间中表示。印刷、打印等复制系统所能实现的色域是一个重要的质量属性，代表其颜色表现能力。比较不同印刷系统的色域，可决定一个系统可否模拟另一个系统的所有颜色。

具体而言，色域描述为 CIELAB 三维色彩空间中的一个空间体。数学上，它被描述为色域空间体表面上一组封闭的三角形面，这些面完全包围了色域体。此外，为了满足包围色域体而不出现间隙或重叠的情况，每个三角形面的边缘都为两个三角形面所共用。

构成 CIELAB 空间中色域面上每个三角面的顶点坐标 CIE L*a*b* 色度值可通过颜色特性化关系（通常由 ICC 配置文件表示）或直接输出和测量确定。

对于由设备、减色色料和基材构成的复制输出系统，常因色料和基材的相互作用特征而对色料的使用总量有一定限制，该情况下形成的颜色输出范围为输出系统的可用色域。

2.3.2 色域面的表征

由前所述，色域体的表面由众多三角形面的密排来表征。而构成每个三角形顶点坐标的设备颜色值，需在所有可取的设备颜色值中选择。ISO/TS 18621-11 标准给出了 RGB 和 CMYK 输出设备色域面适宜的三角形顶点设备值（RGB 输出设备为 RGB，CMYK 输出设备为 CMYK），用色块颜色示意的图像如图 2-9 所示。其中，颜色值的排列具有一定的规律，如图 2-9（b）所示 CMYK 设备情况，水平方向的网点面积率依一定规律变化，垂直方向的总墨量依一定规律变化。

（a）RGB 输出设备　　　　　　　（b）CMYK 输出设备

图 2-9　ISO/TS 18621-11 输出设备色域边界色图像

进一步，需要由这些设备颜色值 RGB 或 CMYK 得到对应的输出颜色色度值，以能在 CIELAB 空间中构成三角形面密排所表示的色域体。ISO/TS 18621-11 标准规定得到色域描述 CIELAB 色度值的过程须采用下列方法中的一种。

1. 基于设备配置文件的色域描述方法

设备的配置文件是表征设备颜色值与其对应的 PCS 值（CIE 色度值）之间对应关系的文件。ICC 标准的设备配置文件为按照国际色彩协会（ICC）规定的颜色关系模式和文件格式形成的颜色关系文件，由专业软件制作。无论是 RGB 还是 CMYK 输出设备，其 ICC 配置文件中都包含有四种再现意图（感知再现、相对再现、饱和度再现和绝对再现）的颜色关系，可供不同颜色复制需求使用。

该方法用于估计基于配置文件应用控制颜色输出设备的可用颜色范围，适用于 RGB 和 CMYK 两类设备。

方法步骤如下：

（1）建立设备的 ICC 配置文件。为了保证准确性，配置文件中的设备颜色值和 CIELAB 色度值均应为 16 位编码数据。

（2）生成如图 2-10 所示的色域边界设备颜色值（对应图像色块的数值），使用 ICC 配置文件，在绝对再现意图下将图像转换为 CIELAB 色度值。

由于在 ICC 配置文件中没有绝对色度值与设备颜色值的对应关系，实现两者间的转换计算使用的是相对色度与设备颜色值间的对应关系 AToB1 和 BToA1，以及记录的白点色度，因而，该步 CIELAB 色度值的计算精度决定于配置文件中 AToB1 和 BToA1 颜色关系的精度，将直接决定所能得到的色域评估精度。因此，标准要求要对 AToB1 和 BToA1 颜色关系的精度给予报告。

另外，对于 RGB 输出设备，其 ICC 配置文件中记录的颜色关系是在优化使用 CMYK 减色色料后形成的颜色，所记录的相对再现双向颜色关系是可逆关系。因此，对于 RGB 输出设备，上述由 RGB 值经 AToB1 得到的 CIELAB 色域面即为该输出系统的可用色域。

（3）对于 CMYK 输出设备系统，为了获得系统可用的颜色范围，需进一步将 CIELAB 值再转换为 CMYK，然后再转换为 CIELAB 值，转换均使用绝对再现意图颜色关系。

这一步的必要性是为了确保色域描述中只表征输出系统允许的设备颜色值。因为 CMYK 输出设备的 ICC 配置文件中，AToB1 的颜色关系对应其所有可能的墨量组合下形成的输出颜色，只有 BToA1 颜色关系才对应总墨量限制条件下形成的输出颜色，而实用中总需要对总使用墨量有所限制，限制内的墨量使用形成了系统的可用颜色。

（4）在图 2-10 有规则排列的色域设备颜色值示意图像中，按规律组合三角形。如图 2-10 所示的 CMYK 设备情况，左上角由三个顶点构成一个三角形，如此可将整个图像分割为众多无缝密接的三角形。对每个三角形按行顺序依次给索引编号，则可利用该索引编号和色块的 CIELAB 色度值，形成 L*a*b* 空间中三角形网格形式的闭合色域边界面。如图 2-11 所示为某印刷系统的可用色域。

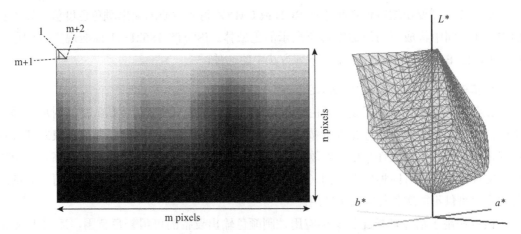

图 2-10　ISO/TS 18621-11_CMYK 设备色域边界值示意图像　　图 2-11　某印刷系统的可用色域

2. 基于设备系统颜色关系模型的色域描述方法

利用同等作用的颜色关系模型代替"基于设备配置文件的色域描述方法"中（1）、（2）、（3）步骤中使用的配置文件中的颜色转换，之后步骤同该方法中步骤（4）。

3. 基于色域边界色图像输出和测量的色域描述方法

该方法常用于单独输出色域边界色图像的打印输出情况。

（1）打印输出如图 2-10 所示的色域边界色块图像（不使用色彩管理功能）。

实践中，有些设备不允许打印所有可能的墨量组合，且打印过程中自动应用了限墨程序，则这种"限墨"输出模式应被视为"设备可用的色域"情况。

（2）测量输出的图像色块色度值，之后步骤同于方法"基于设备配置文件的色域描述方法"中步骤 d。

4. 基于特性化数据的色域描述方法

（1）使用 ISO 12642-1 标准中描述的设备特性化用色标图和输出的色度数据。

（2）使用阿尔法形状法确定"基于设备配置文件的色域描述方法"中步骤（4）需要的色域边界面三角形网格点坐标。之后步骤同于该方法"基于设备配置文件的色域描述方法"中的步骤（4）。阿尔法形状法的详细内容参考 ISO/TS 18621-11 标准中相关文献。

2.3.3 色域体积计算及比较

色域的体积大小可说明输出设备可表现颜色的多少。色域体积计算方法如下：

（1）在色域体的近似中心定义一个点，其 CIEL*a*b* 坐标为色域中白点和黑点坐标的平均值。

（2）将该"中心点"分别与色域表面上每个三角形的顶点相连，构成一个四面体，则整个色域体为一个密堆的四面体集合。

（3）对每一个四面体，记其四个顶点分别为 p1、p2、p3、p4，其中 p4 为"中心点"。由 p4 到 p1、p4 到 p2 和 p4 到 p3 分别构成向量 $\vec{a}$、$\vec{b}$、$\vec{c}$，则该四面体的体积可表示为三重积标量：

$$V = \frac{\vec{a} \cdot (\vec{b} \times \vec{c})}{6} \tag{2-24}$$

式（2-24）中的"•"和"×"分别为向量的点积和叉积。

（4）对遍布色域体的所有四面体按式（2-24）求得体积并求和即得到色域体积。

需要说明的是，如果由式（2-24）计算的三重积为负值，则四面体平面的缠绕顺序是不正确的。但可保留结果的符号，如此估计的总体积比使用四面体的绝对体积值更准确。

色域体积的单位报告为"立方 CIELAB 单位"。

表 2-4 给出了一些输出系统的可用色域体积。

表 2-4 一些输出系统的可用色域体积（立方 CIELAB 单位）

印刷 / 打印输出系统	色域体积
PSOcoated_v3_FOGRA51	400260
PSOuncoated_v3_FOGRA52	167487

续表

印刷 / 打印输出系统	色域体积
PSOsc-b_paper_v3_FOGRA54	212522
JapanColor2001Coated	381519
JapanColor2001Uncoated	137309
USWebCoatedSWOP	296672
USNewsprintSNAP2007	72697

大多数情况下，使用 2.3.2 节色域面描述方法得到的色域体积非常相似，但在某些情况下，如当激光成像的墨粉打印机中黑色的 L* 值低于任何其他着色剂组合的 L* 值时，会使色域描述的相关结果产生偏差。

除计算分析单个输出设备系统的色域体积外，往往还需要分析两个设备系统色域的交集和对应的体积大小。

如果两个输出系统的色域体积分别为 V_1 和 V_2，两色域体的交叉部分体积为 V_i，则用色域比较指数（GCI）表示两个色域的拟合优度。

色域比较指数（GCI）计算为

$$\text{GCI} = \frac{V_i^2}{V_1 V_2} \qquad (2-25)$$

GCI 值为 1 时表示两个色域体完全匹配，而 0 值情况则表示两个色域体没有交集。

进一步，用比值 V_i / V_1 表示输出系统 2 覆盖输出系统 1 色域的比例，用 $(V_1 - V_i)/V_1$ 表示输出系统 1 的色域在输出系统 2 色域之外的比例。

这种表征对颜色在两个设备系统之间传递时具有宏观分析的作用。例如，当要用设备系统 2 复制设备系统 1 的所有可表现颜色时，在设备系统 2 完全匹配的情况下无疑是最佳的。当两个色域的交集较色域 1 的体积小时，则比值 V_i / V_1 越大，同时 $(V_1 - V_i)/V_1$ 值越小，则表示设备系统 2 能够复制设备系统 1 的颜色就越多。

在非 1 GCI 值的一个特殊情况是输出系统 2 的色域体完全包含输出系统 1 色域体。此时有 $V_2 > V_1$，两者的交集 $V_i = V_1$，从而 GCI<1，但设备系统 2 也完全有能力复制设备系统 1 的所有颜色。与完全匹配的情况不同的是，此时色域体 V_2 有一部分颜色是用不到的，即这部分颜色对应的设备数值没有使用，意味着设备颜色值的二编码效率没有充分发挥。

图 2-12 为通常两个输出设备系统的色域空间比较图。其中，图 2-12（a）所示为两个色域体有交集也有超出对方色域的情况，图 2-12（b）则为一个色域体完全包含另一个色域体的情况。

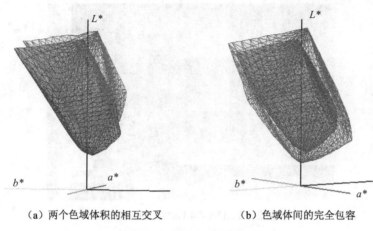

（a）两个色域体积的相互交叉　　　　　（b）色域体间的完全包容

图 2-12　两个色域体的比较

2.4　颜色复制质量评估

对颜色复制质量的评估，需由第 1 章中表 1-4 ～表 1-6 中对应的评估项表征，表征数值多为 DE2000 色差或 CIELAB 色度值。

2.4.1　特性化色标与测控条

ISO/TS 15311-1 和 ISO/TS 15311-2 标准都规定使用 ISO 12642-2—印刷技术—四色彩色印刷特性描述用输入数据—扩展数据集（Graphic technology-Input data for characterization of 4-colour process printing-Expanded data set）标准中的颜色数据用于颜色复制精度的评估。该标准定义了一组油墨组合数据，用于描述四色印刷过程，即油墨组合与对应形成的颜色，适用于出版、商业和包装印刷。该扩展的颜色数据集称为 IT8.7/4 标准数据集，供包含 1617 个 CMYK 颜色数据，用于对四色彩色印刷输出建立颜色配置文件，通常为 ICC 格式的 Profile 文件。

制作印刷设备 ICC 颜色配置文件过程中需将 IT8.7/4 标准数集的 CMYK 颜色数据以色块图像的方式印刷输出，其建议的默认颜色排版方式如图 2-13 所示。但标准并不限制其他排版方式，如随机排列，只要制作 ICC 配置文件的过程能够使用即可。

ISO/TS 15311-1 和 ISO/TS 15311-2 标准还规定，除了使用特性化数据集，还可使用从特性化数据集中选取颜色构成的测控条，测控条的数据选取需遵循 ISO 12647-8 标准。

图 2-13　IT8.7/4 CMYK 色标图像

ISO 12647-8:2012 标准的全称为"印刷技术—网目调分色片、样张及印刷成品的生产过程控制—第 8 部分：直接从数字数据验证印刷工艺工作（Graphic technology-Process control for the production of half-tone colour separations, proof and production prints-Part 8: Validation print processes working directly from digital data）"。其对测控条的颜色数集选择原则是：要有合理的总数目；为与特性化工作兼容，尽可能地多从 ISO 12642-2 标准的特性化色集中选择；颜色类型中要有关键的三色墨混合色，如肤色、棕色、紫茄色或紫罗兰色等（共 15 个）。具体要求至少包含下述颜色：

（1）原色和其二次混合色的实地色，即 C、M、Y、R、G、B、K（7 个）；

（2）C、M、Y 原色和 K 色的中等色调色；

（3）由 C、M、Y 三个原色构成的至少 5 级的近中灰色色阶，近似 L^* 等间隔，且彩度小于 2；

（4）单 K 色色阶，其明度 L^* 尽量匹配（c）中的三色中灰色阶；

（5）生产条件下模拟的印刷基材色。

在一个确定的印刷标准下，无论是 IT8.7/4 还是测控条的 CMYK 数据集，其印刷复制的颜色应有对应的已知 CIE 色度值，视为印刷输出的标准颜色。

2.4.2　印刷图像的颜色质量检验

印刷图像的颜色质量主要用色度和色差数值表征。其中，色度测量值为 CIELAB 色度值（对应 D50/2° M1 条件），若需要依介质相对或黑点补偿的介质相对色度值检验，则需按 2.2.2 节和 2.2.3 节所述方法对测量值进行变换。表征颜色复制精度的色差为 DE2000 色差。

依照针对各种彩色印刷技术印刷图像质量的 ISO/TS 15311-1: 2020 标准和针对数字印刷技术印刷图像质量的 ISO/TS 15311-2: 2018 标准，涉及的主要评估项如下所示。

1. 基材的颜色

包括承印物的名称及 CIELAB 色度值。

2. 测控条颜色复制精度

测控条的颜色选择须遵循 ISO 12647-8：2012 标准。颜色复制精度的表征主要包括：测控条所有颜色的最大色差、平均色差（分别为 6.0 ΔE_{00}^* 和 2.0 ΔE_{00}^*）；测控条 95% 百分位色差（如 5.0 ΔE_{00}^*）；CMY 三色灰阶所有颜色的最大彩度和平均彩度（分别为 2.2 ΔC_{ab}^* 和 1.5 ΔC_{ab}^*）。

95% 百分位色差指将所有色差值按从小到大排序，从最小色差开始，到位于色样总数的 95% 序号处色样的色差值。

3. 特征色颜色复制精度

ISO 12642-2 标准确定的特征色标为 IT8.7/4。其颜色复制精度表征包括：IT8.7/4 标准色集中色域表面色的平均色差、特征色平均色差和 95% 百分位色差（分别为 2.5 ΔE_{00}^*、2.0 ΔE_{00}^* 和 5.0 ΔE_{00}^*）。

4. 专色复制精度

按照 ISO/TS 15311-1: 2020 标准要求，包括实地、50% 或 / 及其他网点复制的色差。

5. 版面颜色均匀性

ISO/TS 15311-1: 2020 标准要求该均匀性的定义及测量方法遵照 ISO 12647-8:2012 标准。

该标准方法为：将整个印张水平和垂直方向分为三等分，形成九个区域，俗称九宫格。在九宫格每个区域的中心分别测量同一颜色共 9 个色度值，用 DE2000 色差表征其颜色的一致性，即整版颜色的均匀性。包括 9 个色度值与其平均色度值的最大色差和平均色差。

标准还要求，该版面颜色均匀性测试需针对如下三个叠印灰色进行：

（1）C= 65 %，M=50 %，Y=50 %，K=50 %；

（2）C=40 %，M=30 %，Y=30 %，K=30 %；

（3）C=20 %，M=15 %，Y, 15 %，K=15 %。

6. 色域体积及分析

输出系统的可用色域大小及相互比较通常是有用的，如当同一幅印刷图像由同一印刷系统产生，但使用的介质或色料不同，往往会形成不同的颜色。对同一印刷设备，不同介质或色料情况的色域差异比较则是印品不同颜色的根源特征。

ISO/TS 15311-1: 2020 标准要求按照 ISO/TS 18621-11:2019 标准计算和比较输出系统的可用色域，并用色域体积大小、色域比较指数（GCI）等指标表征。

例如，一输出系统的色域大小为 319626 立方 CIELAB 单位，参考输出系统 FOGRA51 的色域大小为 400260 立方 CIELAB 单位。明确给出了两个输出设备系统的色域体积，表征可复制的颜色多少。进一步，可通过计算两个色域体的交叉部分体积及式（2-25），得到该两个色域体的比较指数（GCI），以及该输出系统色域对参考输出系统色域的覆盖率。比如，该输出系统色域对参考输出系统色域的覆盖率为 79.8%。实际中，两个设备系统的色域往往是相互含有对方不包含的部分，因此 79.8% 的覆盖率是该输出系统最多能表征参考输出系统的颜色数量比。可见，从色域大小的比较可对不同输出系统的颜色表现能力有一个宏观的比较和认识。

7.印张的颜色偏差和颜色涨落

针对数字印刷技术的 ISO/TS 15311-2: 2018 标准特别提出了这两项颜色复制评估项。其中，样张的颜色偏差为用多个样张上测控条中每个颜色的平均色度与目标色的平均色差表征；而样张的颜色涨落为多个样张上测控条中原色和二次色实地色及中等色调原色（40% 或 50%）色度与多样张之平均色度色差的均值。即前者为多个印刷样张平均而言与目标的符合性表征，后者则是多个样张之间颜色的一致性表征。

用于上述评估的样张数量选取方法遵照 ISO/TS 15311-1: 2020 标准规定，1 套印张总数适宜选取的检测样张数量如表 2-5 所示。

表 2-5　检验样张数量的确定

一套印张总数	建议检验用样张数
50	12
100	13
> 1000	15

8.表面光泽

针对各种印刷技术印刷图像质量的 ISO/TS 15311-1: 2020 版标准，以及针对数字印刷技术印刷图像质量的 ISO/TS 15311-2: 2018 标准提出了相同的印品表面光泽要求。

光泽是物体表面的一种外观模式，由于表面对入射光具有方向选择性，因而会使人感觉物体反射的亮光好像重叠在该表面上，从而呈现闪闪发亮的效果。光泽与物体表面的镜面反射光紧密联系，镜面反射方向就是光泽最强的方向。因此，光泽的测量总是沿着镜面反射方向进行。

光泽的测量也使用比较测量法，即在相同条件下，相对于镜向光泽度标准板，对样品的光泽度进行测量。相同条件指的是在一定的入射角度下，以规定条件的光束照射样品（或标准板），在镜面反射方向上以规定的条件接收反射光束。

镜向光泽标准板一般是用 $n_D=1.567$ 的抛光平面黑玻璃板。标准板定义为 100.0 光泽度单位。光泽度用符号 $G_s(\theta)$ 表示，其中 θ 表示入射角，镜面反射角为 $-\theta$，计算公式为

$$G_s(\theta) = \frac{\varnothing_s}{\varnothing_0} \times G_0(\theta) \tag{2-26}$$

式中，$G_s(\theta)$ 为样品的光泽度，$G_0(\theta)$ 为标准板光泽度，$\varnothing_s$ 为测样品时的光通量，$\varnothing_0$ 为测标准板时的光通量。

光泽也是心理物理量，光泽度的单位为"光泽单位——GU"。

光泽度计可有不同的几何条件，指入射角的大小。相关测试标准对入射角和接收角及其公差也作了相应的规定。入射角在光泽测量中极为重要，通常用 20°、45°、60°、

75°和 85°，它们分别用于不同样品的测量。一般来说，大角度用于低光泽样品，小角度用于高光泽样品，中角度使用范围较宽。

按照 ISO/TS 15311-1: 2020 标准的要求，印刷承印物和实地原色的光泽度测量采用 75º 或 60º 的几何条件。75º 光泽度测量遵照 ISO 8254-1 标准—纸与纸板—镜面光泽的测量—第 1 部分：用会聚光束测定 75º 光泽度［TAPPI 法（Paper and board-Measurement of specular gloss-Part1:75degree gloss with a converging beam, TAPPI method）］，60º 光泽度测量遵照 ISO 2813 标准—色漆和清漆—在 20º、60º 和 85º 非金属色漆漆膜镜面光泽的测定（Paints and varnishes—Determination of gloss value at 20º, 60º and 85º）。在报告数据时须注明，如基材的光泽度为（ISO 8254-1 TAPPI 光泽）60 GU。

9. 透色

当印品上的色墨颜色能从背面看到时，对背面印刷的颜色必然造成不利影响。针对各种印刷技术印品质量的 ISO/TS 15311-1 标准对此现象定义了"透色（Show through）"量来表征。

采用的方法是：在印品一面印有印刷原色、二次叠印色和三次叠印色实地色（如四色印刷情况为 C、M、Y、K、MY、CY、CM 和 CMY），背面不再印刷图像，如图 2-14 所示。

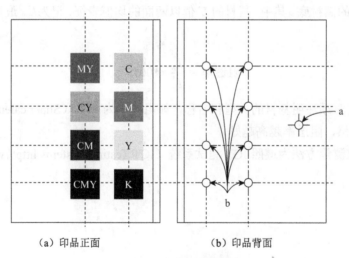

（a）印品正面　　　　　　　　（b）印品背面

图 2-14　透色测试的颜色

测量图 2-14（b）中 a 位置所示承印物的正面、背面，以及图 2-14（b）背面每个色块中心的 CIELAB 色度，测试时须使用符合 ISO 13655 标准规定的白衬底。其中，基材的 CIELAB 色度以两面的均值表征。最后，计算每一个色块背面色度与基材色度的 CIEDE2000 色差，选其中的最大色差为"透色"评估量，并注明实地色组，如透色为 1.7 ΔE_{00}^{*}（C, M, Y, K, MY, CY, CM, CMY）。

10. 阻透率

在大多情况下，印品都是正、反两面印刷的。有时，油墨会从印刷一面渗透到另一面。

当渗透显著时，油墨会在另一面显露出来而影响这个印刷页面信息的识别。将这一现象称为"透印（Print through）"，透印程度用"阻透率（Print-through resistance）"表征。同样，针对各种印刷技术印刷图像质量的 ISO/TS 15311-1 标准提出了该项质量要求。

阻透率的测量方法是：在印张一面印刷原色黑（K）和三色黑（CMY）色块，另一面不再印刷任何信息，如图 2-15 所示。

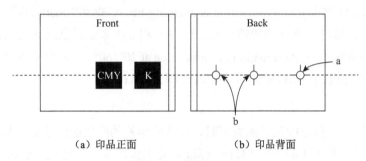

（a）印品正面　　　　　　（b）印品背面

图 2-15　阻透率测量

测量图 2-15（b）中 a 位置所示承印物的正面、背面，以及图 2-15（b）背面两个色块中心的 CIELAB 色度 L^* 值，并取两个色块的较小值，记为 L_b^*，测试时须使用符合 ISO 13655 标准规定的黑衬底。其中，基材的 L^* 值以两面的均值表征，记为 L_a^*。最后，按式（2-27）计算阻透率：

$$阻透率 = \frac{L_b^*}{L_a^*} \times 100\% \qquad (2\text{-}27)$$

阻透率报告时须注明基材的类型和名称，如阻透率为 95%（Super calendared uncoated，纸的名称）。显然，阻透率越高越好。

阻透率的该测量方法为遵照 IGT 测试系统（IGT Testing Systems-http://www.igt.nl）。

第3章 印刷图像的文本相关质量属性

构成文本、字符的基本笔画是点和线条，但以线条为主，其共同特征是由矢量数据描述，作为逻辑页面对象可以任意缩放、旋转变换而无须差值计算，印刷输出质量由设备的记录精度决定。

无论是针对所有印刷技术印刷图像质量的 ISO/TS 15311-1 标准，还是针对数字印刷技术印刷图像质量的 ISO/TS 15311-2 标准，都保留了线条质量属性，作为文本再现能力的一方面度量，既决定着字符的质量，也影响着图像的清晰性。但在其来源的 ISO/IEC TS 24790: 2012 标准中，将字符与线条质量属性作为一个整体，不仅有线条（代表字符）本身的质量测度，还有影响字符感观的线条背景质量测度。其中的原因是，ISO/IEC TS 24790: 2012 标准针对办公打印和复印质量评估，其印品质量水平相对较低，字符背景也往往存在着缺陷。

虽然没有相应的国际标准规范"点"这一图形图像的印刷质量特征，但其作为印刷图像的一种基本元素，特别是在数字输出技术中，设备记录点的印刷成像质量表征，在印刷图像质量分析的某些应有中也具有一定的意义。

3.1 基于 ISO/IEC TS 24790: 2012 标准的线条质量测度

线条的形状简单、规则，只要所处位置附近区域没有其他对象的干扰，利用数字成像设备和图像处理技术，线条的质量较为容易测量、分析和评价。在 ISO/TS 15311-1 和 ISO/TS 15311-2 中，采用的都是 ISO/IEC TS 24790: 2012 标准的定义和测量方法。

除线条本身的质量测度外，ISO/IEC TS 24790: 2012 还对线条代表的字符周边背景给予质量测度。

ISO/IEC TS 24790 标准适合于二值单色印品质量评估。

ISO/IEC TS 24790 的 2012 版及其 2017 修订版在各质量测度的定义和测量方面完全相同，仅个别测度名称有别。下面介绍采用 ISO/IEC TS 24790: 2017 标准中的质量测度名称，定义则依照 ISO/IEC TS 24790: 2012。

如 1.3.2 节中所述，ISO/IEC TS 24790 标准中，将字符与线条归为同一质量属性，即"Character and line image quality attributes"。含有的质量测度包括线条"宽度（Line width）""字符暗度（Character darkness）"、线条边缘的"模糊度（Blurriness）"和"粗糙度（Raggedness）""字符空洞（Character void）"［ISO/IEC TS 24790: 2012 称为"填充（Fill）"］、"字符周边背景无关痕迹（Character surround area extraneous mark）"和"字符周边背景朦胧（Character surround area haze）"。

作为字符所处的区域整体，笔画之外的背景质量也会对文本字符的感知质量产生影响。因此，从这一角度看，背景无关痕迹和背景朦胧正是影响文本整体感知质量的背景因素，其他指标则纯粹为线条本身的客观测度。

ISO/IEC TS 24790 的 2012 标准的线条质量测度定义和测量基于如图 3-1 所示的线条横截线上的光度量变化特性，其中光度量选用了光的反射系数 R（Reflectance factor），线条本身区域的低反射系数表明为常见的亮底暗字（如白底黑字）情况。

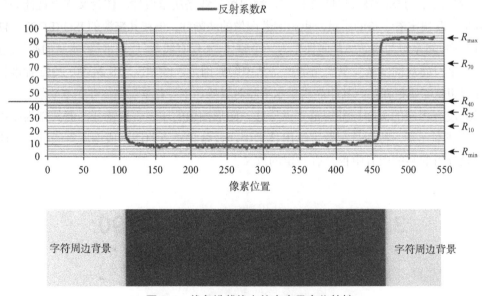

图 3-1　线条横截线上的光度量变化特性

图 3-1 表明，实际印品图像线条（字符笔画）边缘，从线条内部到背景基材上的反射系数是逐渐变化的，而不再有设计情况的突变。理论上认为印品线条两侧边缘的这种光度量变化是相同的，以此标记出几个特征变化点 R_{min}、R_{10}、R_{25}、R_{40}、R_{70}、和 R_{max}。其中，R_{min} 则表征线条内部所具有的反射系数，白纸黑字情况则是着色剂或油墨堆积的区域，为相对最小的反射系数；R_{max} 则表征背景基材的反射系数，如纸张具有相对最大的反射系数；R_{10}、R_{25}、R_{40} 和 R_{70} 阈值 p 的特征点具有下述公式揭示的含义：

$$R_p = R_{min} + \frac{p}{(R_{max} - R_{min})}$$ （3-1）

式中，p 的取值分别为 10、25、40、70，分别对应 R_{10}、R_{25}、R_{40} 和 R_{70}。

据此，ISO/IEC TS 24790: 2012 根据这些特征位置定义了描述线条质量属性的具体测度。显然，这些测度的测量实现不再能依靠传统的光度、色度仪器，而须借助数字成像和图像处理技术实现。该标准要求，数字成像的分辨率不小于 1200spi。

1. 线宽

线宽（Line width）是指字符笔画或线条的平均宽度，以线条一侧的 R_{40} 边缘阈值到另一侧 R_{40} 边缘阈值的间距计量，如图 3-2 所示。

图 3-2 表示，线条的边缘阈值 R_{40} 定义了线条宽度的边界点，一侧边缘这些边界点的集合即构成了线宽边界线。测试实践中，按数字成像采样间隔，线条横截线方向上，每条测试线两侧 R_{40} 边界点间的距离即为此处线条的宽度，所有这样采样宽度的平均值即为线条宽度，记为 W。

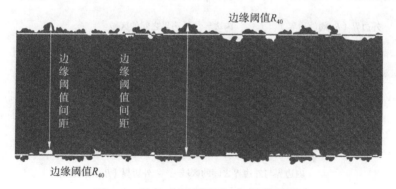

图 3-2　线条（字符笔画）宽度测量图示

由此，线宽 W 的计算公式为

$$W = \frac{1}{N} \sum_{K=1}^{N} (\text{左边界阈值点坐标} - \text{右边界阈值点坐标})$$ （3-2）

使用式（3-2）计算时，要求所选取的"兴趣区域"含有线段的长度不小于 1mm 并有背景，但推荐选取含有线段的长度不小于 5mm、线宽方向不小于线的宽度 +2mm 的"兴趣区域"。

2. 字符暗度

字符暗度（Character darkness）定义为字符或线条图像的黑色程度，字符暗度值 D 的计算公式为

$$D = LID * \sqrt{W} \qquad (3-3)$$

式中，LID 为由线条影像两侧 R_{25} 阈值特征点集所围区域内的平均（光学）密度，W 为前述方法确定的线条宽度。

密度是表征表面色颜色深浅的常用光度量，为以 10 为底的反射系数倒数的对数，可由专业的密度计测量。但由于传统密度计的测试光孔直径远大于线条的宽度，因此不适于完成这里的测量工作。

该测试中"兴趣区域"的选取要求与线宽（Line width）要求相同。

3. 模糊度

模糊度（Blurriness）是指线条印迹的轮廓呈现朦胧或模糊的视觉外貌，是从线条到背景存在的暗色程度可察觉的渐变。

线条一侧边缘的模糊度用 B 表示，B 的计算公式为

$$B = DIS_{70 \sim 10} / \sqrt{LID} \qquad (3-4)$$

式中，$DIS_{70 \sim 10}$ 为同侧边缘阈值点 R_{70} 到 R_{10} 的平均物理距离，LID 同于式（3-3）中含义。

图 3-3 为线条边缘 R_{10} 和 R_{70} 的阈值点放大示意图。其中，R_{10} 阈值点构成的"崎岖"边界也称为线条边缘的内边界，相应地，R_{70} 阈值点构成的边界称为外边界。

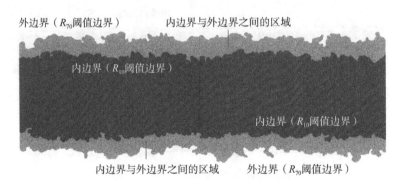

图 3-3　线条（字符笔画）边缘的模糊图示

线条边缘呈现的这种"朦胧模糊"的外观，反映了线条类对象经印刷、打印等输出后边界的边缘特征。

线条模糊度测试中"兴趣区域"的选取要求与线宽（Line width）要求相同。

4. 粗糙度

粗糙度（Raggedness）是指线条边缘从理想位置产生几何畸变后形成的外观形态。如果平滑边缘复制后形成了粗糙的外观，则边缘必然呈现高低不平的锯齿形状或波浪形状，

偏离了理想的平滑边缘以及直线形态。根据 ISO/IEC TS 24790: 2012 标准，一侧边缘的粗糙度为该测线宽边界线（R_{40} 线宽边界点的集合）的拟合直线与边界线间偏离距离的标准离差。线条边界线及其拟合直线如图 3-4 所示。边界点的拟合直线一般由最小二乘法求得。

图 3-4　线条（字符笔画）边缘粗糙度测量图示

用 R_j 表示粗糙度，测试中，若在垂直线条方向上，线条一侧边缘每条测试线上的偏离距离记为 d_i，测试线的总条数为 N，则该侧边缘的粗糙度计算如下：

$$R_j = \sqrt{\frac{1}{N-1}\sum_{i=1}^{N}d_i^2} \tag{3-5}$$

式中，$j=1,2$，分别对应线条的两侧。

线条整体的粗糙度为线条两侧粗糙度的平均值，记为 Rag，则

$$Rag = \frac{1}{2}\sum_{j=1}^{2}R_j \tag{3-6}$$

线条粗糙度测试"兴趣区域"的选取要求与线宽（Line width）要求相同。

5. 字符空洞

前面定义的线条暗度表征了线条两侧边缘 R_{25} 阈值点集所围区域内的平均深浅，是线条填充质量的一方面体现，但并不能反映该区域内密度的均质特性。为此，ISO/IEC TS 24790 定义了填充字符空洞（Character void）测度。

将线条作为图像对象处理时，完整的属性应该由轮廓和内部的填充定义。这意味着线条的轮廓和内部填充可以取不同的颜色和其他特征。例如，轮廓为红色的虚线，线条的填充则可取不同于红色的其他颜色。非点阵计算机字符（包括质量字符、二次曲线和三次曲线字符）具有类似于图形的基本特征，也应该由轮廓和填充定义其完整特性。

ISO/IEC TS 24790: 2012 标准对线条轮廓内填充的视觉非均质性用字符空洞（Character void）测度表征。对照图 3-5，这一测度的求解过程如下：

（1）按照 R_{25} 阈值将字符影像进行二值化，形成图 3-5 左侧的求解原影像；

（2）将原图反相，即影像（I-1），并形成字符包围的区域，即影像（I-2）；

（3）计算影像（I-2）与影像（I-1）的差，形成影像（I-3）；

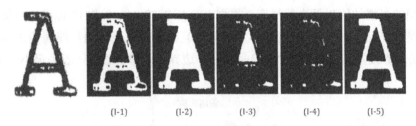

图 3-5　字符空洞测度的求解示意

（4）从影像（I-3）中去除原影像中字符设计图像中所有的白色区域，形成影像（I-4），并计算其中的白色区域像素面积，记为 A_4；

（5）计算影像（I-1）与影像（I-4）的和，形成影像（I-5），并计算其中的白色区域像素面积，记为 A_5；

（6）字符空洞测度值为 A_4 与 A_5 的比值。

于是可以得出：

$$字符空洞测度值 = \frac{A_4}{A_5} \qquad (3-7)$$

6. 字符周边背景无关痕迹

打印、复印等输出的印品，常有非字符区域出现偏离正确位置的墨滴散滴和墨粉颗粒形成的背景噪声。ISO/IEC TS 24790 标准以字符周边背景无关痕迹（Character surround area extraneous mark）表征字符周边背景区域上一定尺度色粉痕迹的数量程度。

图 3-6 中的"1"代表色粉痕迹，a 代表距离字符线条一侧边界线 0.5mm 的距离。

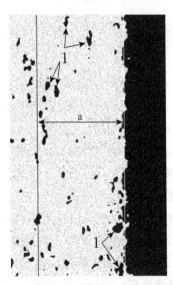

图 3-6　字符周边背景无关痕迹的求解示意

对照图 3-6，字符周边背景无关痕迹测度值的求解过程如下：

（1）确定字符线条两侧各自距线条边界线 0.5mm、沿线条长度方向 10mm 的一个测试"兴趣区域"，其中线条边界线由 R_{40} 阈值点的拟合直线确定；

（2）计算"兴趣区域"由"1"所标记的所有色粉痕迹的总面积，记为 A_{EM}（单位 μm^2）其中计入的色粉痕迹为面积大于 $7580\mu m^2$ 的任何形状痕迹；

（3）以 A_{EM}（μm^2）与"兴趣区域"总面积 A_{CF}（μm^2）的比值表征字符周边背景无关痕迹测度值，即

$$字符周边背景无关痕迹测度值 = \frac{A_{EM}}{A_{CF}} \tag{3-8}$$

7. 字符周边背景朦胧

类似于字符周边背景无关痕迹（Character surround area extraneous mark）测度，ISO/IEC TS 24790 标准用字符周边背景朦胧（Character surround area haze）测度表征字符周边背景区域上一定尺度色粉痕迹的数量程度。

图 3-7 中的"1"代表色粉痕迹，"2"代表背景的朦胧状态，a 代表距离字符线条一侧边界线 2mm 的距离。

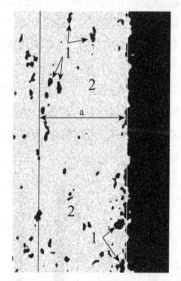

图 3-7 字符周边背景朦胧的求解示意

对照图 3-7，字符周边背景朦胧测度值的求解过程如下：

（1）确定字符线条两侧各自距线条边界线 2mm、沿线条长度方向 10mm 的一个测试"兴趣区域"，其中线条边界线由 R_{40} 阈值点的拟合直线确定；

（2）计算"兴趣区域"中"1"所标记的所有色粉痕迹和线影像区域后剩余面积的平均反射系数值，记为 R_{HC}，以及远离"兴趣区域"的任何磁材背景的平均反射系数值 R_{BKG}；

（3）以 R_{HC} 与 R_{BKG} 的比值表征字符周边背景朦胧测度值，即

$$字符周边背景朦胧测度值 = \frac{R_{HC}}{R_{BKG}} \tag{3-9}$$

3.2 点的质量属性

3.2.1 点的概念

通过印刷机或打印机输出到承印材料的所有印刷图像都是由特定类型的记录点组合而成。例如，喷墨数字印刷或打印技术中，喷嘴喷出的单个墨滴落在承印材料上形成了一个单墨滴点，这是印刷网点及整体图像最基本的构成单元，而这些基本的记录单元可认为是数字印品"微观"意义上的点。

这些"微观"意义上点的形态，以及通过它们建立起来的特征与具体的数字印刷技术相关，并在这一基本技术层面上决定着印刷设备的图像复制质量，如所形成文字中的圆点笔画的形态质量。而文字中的圆点笔画可认为是"宏观"意义上的点。

在单色印品中，记录点的特征基本上是印刷过程各种部件动态变化和交互作用，以及驱动程序、承印材料和着色剂等因素共同影响的结果，彩色复制过程则更为复杂。因此，尽管测试图上的记录点具有固定不变的形态特征，但经过印刷系统的作用后，原来的理想形态将无法保持，会或多或少地偏离理想形状。同时，由于多种因素的影响，每一个记录点的形状偏离也会不同，形成形态各异的结果。而不同的数字印刷技术，这种偏离程度也会不同。

图 3-8（a）和图 3-8（b）为不同的数字印刷技术设备所输出黑色单个记录点的再现效果，与图 3-8（a）效果相比，图 3-8（b）记录点的形状出现了明显的非均匀性。它们输出的笔画线条如图 3-8（c）和图 3-8（d）所示。通过比较不难看出，记录点的输出质量与其文本质量具有一定的相关性。

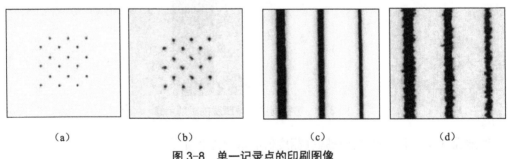

|（a）|（b）|（c）|（d）|

图 3-8 单一记录点的印刷图像

采用不同的输出技术，由众多记录点组成的"宏观"圆点输出质量也具有明显的差异。如第 1 章的图 1-4 所示，展示了不同数字印刷或打印技术及与传统胶印圆点的质量比较。

承印材料对记录点的形状保持也有着很大的影响，进而影响圆点的形状和质量。如图 3-9 所示，为静电照相印刷在三种纸张上字母 i 上圆点的复制质量。

图 3-9　三种纸张上静电照相技术打印的"i"字母上的点

3.2.2　点的质量属性与测量

对于"宏观"意义上的理想圆点，应密度均匀、边缘光滑。但测试图上的圆点经印刷系统作用后会出现形状变形、边缘粗糙、内部密度不均匀等现象。图 3-10 为一个尺寸较小圆点印刷图像的显微放大图。其中的白色曲线为由一定反射系数阈值等高线决定的"圆点"边界，可看到其形状已严重偏离了理想的圆形，同时其内部也出现了密度的不一致。

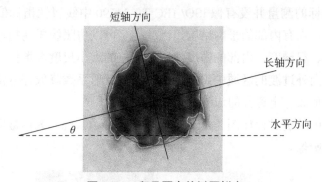

图 3-10　印品圆点的椭圆拟合

因此，对这种圆形的印刷图像质量属性须用偏离圆形的椭圆参数表征其形状特征，这是质量测评的基础。

首先，形成的椭圆与理想圆形的偏离程度是一个重要的表征指标。关于圆度值，不同的研究人员给予了不同的定义，如有：

$$圆度 = 4\pi A / p^2 \qquad\qquad (3-10)$$

式（3-10）中的 A 为圆点的面积，p 为圆点的周长。也有的定义为

$$圆度 = X/Y \qquad\qquad (3-11)$$

式（3-11）中的 X、Y 分别为圆点拟合椭圆的短轴长度和长轴长度。自然，上述两种计算均在理想圆形的圆度值为 1 的结果，非圆形的情况则小于 1。

其次，圆点的实际面积与理想面积值的差异，也是一个质量属性。可定义面积扩散比来表征，计算式为

$$圆点面积扩散比 = 实际面积 / 理论面积 \qquad (3-12)$$

最后，实际的圆点，特别是基本记录单元对应的圆点，边缘常出现如图 3-10 所示的非平滑边缘形状。因此，如同对线条边缘质量的描述一样，也有必要构建一个粗糙度指标。

真正意义的圆点边缘粗糙度表征值应能反映图 3-10 中圆点边缘点在特定方向上与圆点边缘拟合椭圆线上对应点的偏差程度，这个特定方向的合理确定应使得两个对应点的连线与椭圆边界线交点的切线相垂直，需要比较复杂的数学运算。

有研究团队将上述三个指标综合，定义出"圆点保真度"的指标，有：

$$圆点保真度 = （圆度 + 面积扩散比 + 边缘粗糙度）/3 \qquad (3-13)$$

此外，还可定义圆点的深浅特征量，可用圆点边缘一定范围内密度的平均值表征。进一步，可用这个密度均值与基材密度做比较，定义对比度指标。也可建立圆点形状偏离方位的表征参数，如可用圆点拟合椭圆的长轴方向与水平方向的夹角 θ 表征，如图 3-10 所示；还可求取圆点的重心位置用于表征其定位等。

虽然点属性指标的测量并没有像 ISO/ IEC TS 24790 中线属性指标值的确定定义。但由于圆点也有边缘，也有内部的平网结构，因此完全可以仿照线属性指标的定义原则，确定圆点边缘的边界、粗糙度、内部的密度，以及相应的大小尺度等指标。点属性指标的求解也须从圆点内部向外过渡的区域中定义和求解光的反射系数降低程度量与不同意义的边缘点相对应，进而形成一定意义的边界闭合曲线。

圆点边缘确定的关键过程如图 3-11 所示，其中图 3-11（a）为由数字成像设备捕获的圆点反射系数灰度影像。

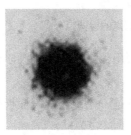 

（a）反射系数图像　　　　　　　　（b）阈值边界

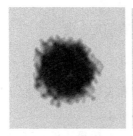 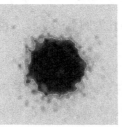 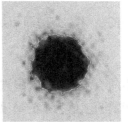

（c）阈值内图像　　　　　（d）内外边界　　　　　（e）边界的椭圆拟合

图 3-11　圆点属性指标的求解流程

首先，类似于 ISO/ IEC TS 24790 标准要根据反射系数的某个阈值（内部最小反射系数与基材上的最大反射系数的某个百分比）界定出符合阈值要求的界点，所有的界点连接成闭合的曲线，如图 3-11（b）所示。但可以看到，当圆点外有一些非圆点信息的噪点时，也同时勾勒了出来；同样地，也可能出现图中圆点内部因着色剂的缺失形成的空洞。这些噪点和空洞都应由有效的数字图像处理技术排除。之后，形成该阈值对应的圆点边界，如图 3-11（c）所示。

同样，可以定义不同阈值对应的不同意义的圆点边界，如内边界、外边界和圆点边界。如图 3-11（d）所示为两个不同阈值的边界。

对定义为圆点边界的闭合边缘曲线，可做边界线长度、边界线内部圆点面积、椭圆拟合和椭圆参数，以及由此定义的点属性指标的计算。如图 3-11（e）所示为确定的圆点边界闭合曲线及其椭圆拟合线。

3.2.3　点属性测量的应用

点属性指标的测量在纸张与墨粉、墨水、油墨等着色剂的相互作用分析，以及印制工艺过程对印刷图像质量的影响等方面得到应用。

在喷墨技术研究中，可直接利用对墨点形态的测量，分析墨水与喷射控制参数及与基材表面相互作用等因素的相关性。图 3-12 为一些单个墨滴打印形成墨点的形态，图中给出了墨点的边界、边界拟合椭圆，以及墨点的重心，作为墨点的位置标记。从图中可以看到，细小的单个墨点，形状上已远不是规则的圆形，且形态各异。从其拟合椭圆的长轴方向看，其取向也没有统计规律。从尺度上看，每个墨点的大小在几十微米的量级。

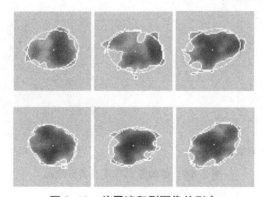

图 3-12　单墨滴印刷图像的形态

当多个这样的墨点聚合组成一个宏观圆点时，圆点的拟合椭圆与理想的圆形非常接近，但边缘的墨点会因为自身形状的非理想性引起宏观圆点边缘较大的粗糙度。如图 3-13 所示，为一较大圆点的印品图像，圆点边缘宏观形状接近圆形（图中平滑的拟合圆周），但实际边缘线呈现不规则的齿状，即粗糙感。

图 3-13   宏观尺度圆点的边缘特征

按照上述定义的指标求解方法，测得该圆点的拟合椭圆长短轴分别为 325.3μm 和 313.4μm，用短轴长度与长轴长度的比值表征的圆度达到 0.96，用前述圆点边界线与其拟合椭圆间距离的方差表征的粗糙度为 4.3μm。不难想象，单个墨点形状的非理想性，是宏观圆点边缘粗糙的最直接原因。单个墨点的形状偏离圆形越严重，越没有规律，则宏观圆点边缘的粗糙度就越大，两者间应该存在着统计意义上的关联。

另外，喷墨打印技术中单个墨滴在成像基材上墨点的位置精准性，也是打印技术研究中非常关注的问题。但诸如激励电压、激励频率等打印控制参数，以及打印墨水的物化性能等，都会影响墨滴喷射的路径和喷射稳定性，从而影响印品墨点的定位精度和印品质量。

借助圆点的属性测量技术，可通过众多规则点状图案（由墨滴实现）印刷图像墨点的位置信息来反映墨滴喷射的定位精度。

首先，须制作与打印输出记录分辨率一致的正方形网格状单像素点阵图样数字原稿，如图 3-14（a）所示。其中，单像素的墨点处在正方形的格点上，正方形的宽度由整数倍的像素构成。喷墨打印后捕获的数字图像如图 3-14（b）所示。

之后，利用圆点属性检测技术确定每一墨点的重心，由重心代表墨点的位置。如图 3-12 和图 3-13 中圆点中心的点所示。

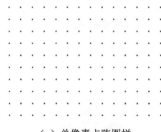

（a）单像素点阵图样   （b）点阵图印品

图 3-14   单像素点阵图及其印刷品

图 3-15 给出了该功能应用软件的测试结果。从中可以看到，对于左侧图中选择区域内的墨点，测量确定的墨点位置及其与设计的格点位置比较如右侧图所示。不难看出，各个墨点都部分偏离了其设计的理想位置（格线交点），在多数情况下，平均偏离距离在 5 ～ 10μm。此外，还可从偏离方向的统计规律探求影响因素。

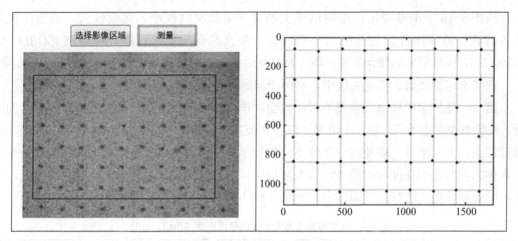

图 3-15　墨点定位精度的测量

3.3　文本输出质量测评

3.3.1　文本线条的宽度和暗度特征

印刷图像包含大量由字符构成的文本，大多数书刊印刷品包含的文本数量更是占据版面的支配地位，文本质量检测非常重要。

对文本质量的一般要求大体上可归纳为：第一，组成文本块或段落的字符必须有相对于纸张的更大密度；第二，字符笔画的边缘必须清晰；第三，非印刷区域的平均密度与空白纸张密度的差异应该达到最小的可察觉效果；第四，字符间不能出现多余的色料。

细细品味，ISO/IEC TS 24790: 2012 标准已由 7 个线属性质量测度满足了这几方面的测评要求。

影响文本输出的质量有输出工艺技术、色料和基材等多方面因素。图 3-16 为同一激光打印机在两种纸张上打印的 4 磅字符质量效果图。由于纸张的不同，导致形成了不同的打印质量。

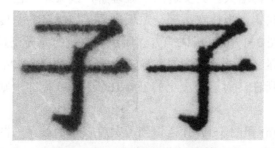

图 3-16　两种纸张打印的文本质量对比

从图 3-16 中不难看出，左侧纸张上的文字笔画密度较小、宽度较大。由数字成像设备捕获的数字图像分别分析图中笔画同一竖直和同一水平线段，可得到 ISO/IEC TS 24790:2012 标准定义的线条宽度、暗度及两侧边缘质量等测度值，表征该字符的印刷质量。

在文本印刷质量的测评实践中，有两个问题需要考虑。

第一，任何印刷输出设备都不可能只面对单一尺度的文本印刷作业，而不同字号的字符，其笔画宽度也不同。表 3-1 给出了汉字和英文典型字体不同字号字符大致的笔画宽度。可以看出，不同字号，以及同一字号不同字体字符中横竖笔画的宽度都不同，同字号中汉字宋体的横竖笔画宽度相对最小，且差异较大。因此，应设计以多种不同宽度的线条，由其印刷质量的集合表征一种输出字符复制的整体质量。

表 3-1　汉字和英文典型字体的笔画宽度（单位：μm）

汉字字号	—	—	九号 *	七号	六号 *	小五号	小四号	四号
字号	1pt	2pt	4pt	6pt	8pt	10pt	12pt	14pt
宋体：子	8～20	17～42	34～85	44～110	60～166	71～178	84～210	100～256
黑体：子	22～30	43～56	89～112	135～165	178～202	223～276	267～333	300～386
Times: efh	11～29	21～58	41～115	61～172	80～229	102～285	121～345	173～400

注：* 为与相应字号近似。

图 3-17 为一数字印刷设备输出图像的线条按 ISO/IEC TS 24790: 2012 标准定义的印品线宽、线条暗度与线条密度测度的变化特性，设计宽度在文本常用字体的 1～14pt（四号字）字号。

从图 3-17(a) 看到，各个线条的输出宽度都较设计宽度有所增大，但设计宽度越小，输出宽度增加得就越多，特别是 100μm 以下的设计宽度，即 7 磅以下的小字号情况。小字号字符笔画宽度较大，容易造成多笔画的连接而影响其易读性。从图 3-17(b) 看到，印刷图像线条的暗度也随着线条宽度的增大而增大。但是，若在暗度计算的公式 (3-3) 中不考虑线条的线宽，而只考虑线条本身的光学密度，则线条本身的光学密度并没有图 3-17(b) 的变化特性，而是如图 3-17(c) 所示，当线宽增加到一定程度后，线条本身的（光学）密度不再增大。其实这点不难理解，线条本身由实地色构成，而实地色由可印刷的最大墨量决定，当线宽达到一定程度后，线本身的密度就达到了大面积实地色的最大密度了。如图 3-17(b) 和图 3-17(c) 所示两个量的差异正是带有视觉感知属性的暗度测度与客观物理量（光学）密度的差异，也是 ISO/IEC TS 24790: 2012 标准要计入视觉感知特性的体现所在，而已经废止的 ISO/IEC 13660 标准中则只设计用（光学）密度表征线条的暗度。

此外，由图 3-17(a) 和图 3-17(b) 认识到，宽度较小的线条（图中表现为设计宽度在 100μm 以下），印刷图像上线条的相对增宽较多但暗度却很小，表明小字号的文本特别是宋体汉字，印品上文本的表现存在着笔画容易搭接、视觉暗度不够的不足，对其易读性造成不利影响。而对于字号处于小五号至四号的文本，虽然其笔画本身的密度不再增加，但视觉感知的颜色随着字号变大越来越暗，这无疑增加了文字与背景的对比度，增强了文字的辨识度。但这里小五号宋体文字，其横竖笔画的设计差异较大，其细笔画的宽度对视觉暗度的贡献相对不足。

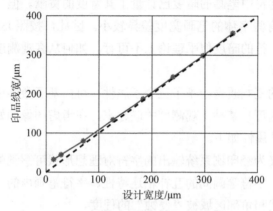

（a）线条宽度与设计宽度的关系

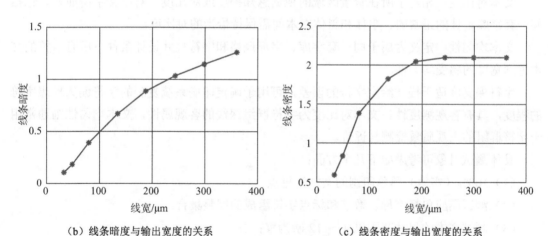

（b）线条暗度与输出宽度的关系　　　（c）线条密度与输出宽度的关系

图 3-17　线条的输出质量特征

虽然这个例子为特定承印材料和输出设备的情况，但表明了变化的普遍特征。

图 3-17（a）和图 3-17（b）表明，特定输出实践应用中，往往需考察不同设计宽度线条的输出才能对文本复制质量有较为全面的评估和认识。

第二，ISO/IEC TS 24790: 2012 标准测度的测量有赖于数字成像和图像质量分析技术。该标准规定采用分辨率不低于 1200dpi、每个像素至少 8 位编码的数字成像设备。1200dpi 情况每个像素对应的物面尺度约为 21.2μm，对于 2pt 以下，甚至是 4pt 宋体汉字对应的线条测量而言显得精度不足。如果再考虑到线条边缘模糊度的测试要求，恐怕更加不能满足要求。因此，在测量实践中，需要根据测试对象的尺度特征，选择更高成像分辨率的图像采集设备完成印刷图像的数字成像。

3.3.2 文本质量测评方法

高质量的文本复制，字符必须很暗，其客观测度是密度值。但如前文所述，考虑到人眼视觉的感知特性，字符中笔画的暗度已计量了其宽度的贡献。但一个字符中笔画的宽度并非固定不变，只是有些字体的笔画宽度差异较小。因此，按照 ISO/IEC TS 24790: 2012 标准的思想定义一个字符的暗度似乎理论上不可行。如何从客观测度的角度给予字符的质量测评也并非没有意义。

曾有方法对字符的复制质量给予了三个子属性，可由基于数字成像设备的图像分析系统进行测量与评价，也可与某种主观测度关联起来，在考虑图像偏好的基础上进行文本质量的全面评价。三个子属性如下。

字符保真度：定义为经印刷系统输出的字符对理想形状可察觉的忠实度，包括笔画边缘的清晰度和平滑度、字符笔画间的互补粘连特性、字符笔画内的空白、字符笔画是否存在断裂，以及字符衬线和角部区域被"侵蚀"的程度。

文本对比度：相对于所在背景区域的视觉感知密度或对比度。对西文字符而言，包括同一套字库设计的正常的、粗体和斜体文本间需保持恰当的对比度。

文本均匀性：定义为属于同一套字库、字形风格和字符尺寸设计条件下所有字符的文本笔画宽度的感受均匀性。

字符保真度适于描述给定字符的误差，可用于确定印刷系统复制的字符偏离理想字符的程度，具有客观测度性。文本对比度为字符群组深浅的客观属性，文本均匀性则通常用于字符群组的主观质量检测与评价。

具体测试对象可考虑如下几个方面：

（1）100%（实地）黑色印刷的文本为重点；

（2）测试图应包括字母、数字和标点字符组成的完整集合；

（3）测试文本的尺寸范围以 4～12 磅为宜；

（4）测试文本应包括英文、欧洲文字、某些亚洲文字，以及带衬线和不带衬线的字符；

（5）测试文本应由正常、粗体和斜体文本组成，不包括粗斜体文本。

（6）测试文本应包括小尺寸字符的着色文本，即尺寸较小的一次色 C、M、Y、K 和二次色 R、G、B 着色的字符文本，以 100% 和 50% 的油墨覆盖率印刷。

例如，测试图中的拉丁字体为 Thorndale 和 Albany，其功能上与 Time New Roman 和 Arial 等价。前者笔画较细，且字符中变化宽度差异较大；后者则笔画较宽，且字符中笔画差异较小。带衬线的非拉丁字符及特殊字体和字符提示信息等内容。部分实例如图 3-18 所示。这些字符的选择主要出于文本再现复杂性和难度而考虑。

abcdefghijklmnopqrstuvwxyz

（a）Thorndale

abcdefghijklmnopqrstuvwxyz

（b）Albany 字体

ÅíÍÌÎÑÑŇĞŌÖÖŐÇJŢ靁鱗鷺籠질픔 الثلاثاء هلال

（c）带衬线的非拉丁字符例子

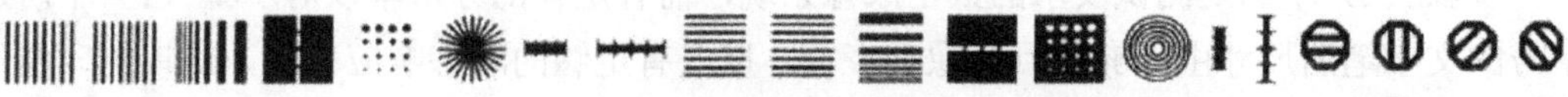

（d）带衬线的特殊字符例子

图 3-18　文本质量评价测试图使用文字示例

3.3.3　小字号文本质量测评实践

3.3.1 节中给出了小字号细线条输出的不足，3.3.2 节中给出文本质量测试的重点对象为 4～12pt 的文字。因此，研究工作针对 4pt 文字的输出保真度质量属性进行了测评方法探讨。测评方法的设计思想及技术方案的步骤如下：

（1）选择有代表性的文字及其字体和字号，制成满足输出和检测要求的数字原稿并印刷或打印输出；

（2）选择满足测试要求的数字成像系统，对其进行分辨率和光学特征量的标定；

（3）确立文字质量的表征量，并基于数字图像处理技术建立各表征量算法的实现程序；

（4）形成可实用的运行软件。

步骤（1）中文字的选择，需主要考虑文字笔画的方向代表性。该实践中选择"子"和"v"两个字符，可共同表征横、竖、斜方向笔画，且笔画简单，能够体现笔画本身的缺失和膨胀特征；字体的选择，需主要考虑文字中不同方向笔画的差异特征，如表 3-1 所示宋体的横、竖笔画宽度差异最大，而黑体的横、竖笔画没有差异，可选择该两种字符作为汉字笔画的极端代表；字号的选择，需主要考虑具体应用要求及前述文本检测的字号建议选择了 4 磅，代表药品说明等小字号文字应用情况。进一步，满足输出要求的数字文件即要适应不同印刷加网线数或不同打印分辨率的要求，满足检测要求则是要含有检测过程所需的辅助图案。

如图 3-19 所示，为带两个相同圆点检测图案的宋体"子 v"文字检测页面，上面的两个圆点圆心在同一水平线上，并间隔一定距离。这两个圆点的作用在于，对输出的该页面印品，当被以扫描或拍摄方式获得数字图像后，可根据两个圆点圆心的坐标对该数字图像进行方位校准，校准为符合初始设计的横平竖直笔画的文字图像。

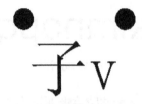

图 3-19　带检测用图案的文字质量测试页面

步骤（2）中满足测试要求的数字成像系统，需有足够的分辨率以对步骤（1）中所选字号的文字笔画尺寸由足够数目的像素表征，以及有足够的动态响应范围，用以对印品笔画的密度变化形成可区分的图像数值。对成像系统进行分辨率标定的含义，是指确定出对印品所成数字图像中每个像素对应的印品表面的尺寸，以能够将数字图像中的像素尺度转换为印品表面的物理尺度，如该例中为每个像素对应物体尺度为 0.98μm 左右。对成像系统进行印刷图像光学特征量标定的含义，则是指确定出所成印品数字图像中像素的颜色数值（RGB）与印品中文字笔画深浅对应的反射系数或光学密度数值的关系，以能够将数字图像中的颜色值变化为反映印刷笔画自身颜色深浅的物理量。

步骤（3）中文字质量的表征量，希望能体现前述的保真度、对比性和均匀性三方面质量特征。在保真度和对比度属性上，设计了字符笔画的反射系数和字符的反射系数对比度和密度，字符笔画断线数、字符笔画断线和残缺总面积比、字符笔画膨胀面积比、笔画内空洞数和空洞面积比等客观质量指标。

图 3-20 为一个测试实例的结果。其中图 3-20(a) 为提取出的印品图像测试字符，图 3-20(b) 为该字符的设计原图图像（黑色边缘为此处便于观测而添加），图 3-20(c) 为两者严格对准后的对比图像（笔画边缘的白色像素代表印品笔画较设计笔画宽度缺失的部分，笔画内部的黑色像素代表印品笔画较设计笔画宽度膨胀出来的部分，笔画内部灰色部分为印品笔画符合设计的部分）。

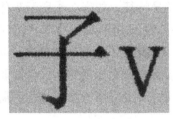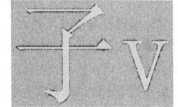

（a）文字印品的数字图像　　　　（b）文字数字原稿　　　　（c）印品文字与其数字原稿的比较

图 3-20　字符质量指标测试

由像素分析得到的上述质量指标如下：

（a）字符笔画的反射系数为 0.071；

（b）字符笔画的反射系数对比度为 0.91 [背景反射系数为 0.776，对比度定义为 (背景反射系数—笔画反射系数)/ 背景反射系数]；

（c）字符笔画的密度为 1.15（与反射系数的倒数成对数关系）；

（d）字符笔画断线数为 0；

（e）字符笔画断线和残缺总面积比为 0.68%；

（f）字符笔画膨胀面积比为 36%；

（g）笔画内空洞数和空洞面积比均为 0。

从上述指标数据看，该印品上文字笔画膨胀得较多，残缺则相对少得多。

文字笔画的密度是字符整体深浅的客观反映，文字笔画与背景的反射系数对比度则会与文字的易度性相关联；字符笔画内的空白、笔画是否存在断裂，以及字符衬线和角部区域被"侵蚀"的程度决定了文字的保真度，可看作"字符对理想形状可察觉的忠实度"的一种量化方法。

3.3.4　文本感知质量的预测

如前文所述，目前尚没有相关标准定义文本的总体质量测度，ISO/TS 15311-2: 2018 标准也明确给出，目前的媒体系统中关于文字的易读性及清晰度质量属性没有明确定义。因此，诸如印品文字的清晰易读性等综合的视觉感知质量评价，以及其与质量属性测度间的相关性研究仍需开展工作。

这方面已有的研究工作尽管采用的质量测度有些已由新的标准完善，但其研究方法及结果仍具有一定的意义，对相关工作开展也具有一定的启发。

Ming-Kai Tse 小组曾基于线条的质量属性测度预测了文本的感知质量。他们针对 4pt 英文字母和 9pt 中文繁体"寵"字使用不同输出技术的设备、不同纸张上输出制作了 10 个测评样本，通过主观质量测评，以及与线条属性测度相关性的探究，并建立了文字感知质量分值与线条笔画的边缘模糊度、对比度和宽度的线性相关关系。含有 4pt 英文字母和 9pt 中文文字的 10 个被测样本评图样，如图 3-21 所示。

10 名观察员对西文和中文样本分别在正常观看条件下进行了感知质量测评，测评环境为光线充足的房间。质量排序和打分采用组合比对的方法，并在评测前给予文本质量分析的简要介绍和比对准则。打分之后，还要就每个图样分值的确定给出评述，以对观察员的主观评价过程有深入的了解。主观测评分值如表 3-2 和图 3-22 所示，评分标准为 10 分制，质量分值在 0.78 ～ 8.17，其中，B3、B8 和 X9 三个样本的分数明显低于其他样本。需要说明的是，表 3-2 中的测度值为当时基于 ISO/IEC 13660 标准定义的值。

图 3-21　4pt 英文字母和 9pt 中文文字的高分辨率影像（4680dpi）

表 3-2　样本的主客评价与笔画的客观测度

样品	主观得分	线宽 /μm	模糊度 /μm	粗糙度 /μm	密度	对比度
X1	8.17	373.7	74.2	0.5	0.76	0.80
X2	7.61	389.7	105.3	3.5	0.70	0.79
F8	7.44	430.7	110.5	3.5	0.69	0.78
F1	6.22	423.3	117.2	8.8	0.66	0.77
F9	5.83	419.3	115.2	6.0	0.56	0.69
X6	5.67	384.7	115.2	2.7	0.67	0.79
B4	5.50	369.7	122.0	3.8	0.68	0.77
B3	1.72	380.0	185.3	21.7	0.55	0.70
B8	1.06	310.7	202.7	18.7	0.32	0.47
X9	0.78	362.3	146.2	10.7	0.58	0.71

　　有意思的结果是，尽管观测的样本与图 3-21 的放大图像在尺度上有很大差异，以及英文字母与该汉字笔画复杂度的较大差异，但所给出的感知质量排序是一样的。因此，工作团队认为这其中应该有一组关键的图像属性在我们的头脑中触发一致的感觉和质量判断。

　　通过分析测评评述发现，其依据主要分为三个类别：是否清晰、锐利和易读；是否对比强、暗度足够；是否有不连续、空洞和颗粒感。

　　为了表征文字笔画的图像质量属性，实验使用具有 5.5μm / 像素分辨力的图像分析系统，对与图样同时输出的 12pt Arial 字体（横、竖笔画同宽度）的 "i" "1" 和 "t" 字符中竖笔画进行了测量，即表 3-2 中第 3 列至第 7 列数据。

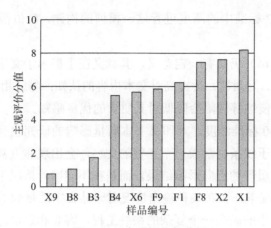

图 3-22　主观评价与分级

经对测度数据进行分析，工作小组认为，虽然原则上表 3-2 中的 5 个质量测度都是独立变量，但发现模糊度和粗糙度之间，以及对比度和密度之间有很强的相关性，且发现主观质量分值与笔画的模糊度有很强的相关性。因此，选择了其中的笔画宽度、模糊度和对比度三个指标作为独立变量，来探究其与感知质量分值之间的关系。

使用最小二乘法进行了线性回归，建立了感知质量评分与上述单个质量测度的线性关系模型，在排除 X9 样本的情况下模型关系如下：

$$感知质量得分 = 5.38 \cdot C + 16.4\,\text{mm}^{-1} \cdot W - 37.7\,\text{mm}^{-1} \cdot B \tag{3-14}$$

式中，C、W、B 分别为笔画的对比度、宽度和边缘模糊度。

对该式结果，工作小组首先认为，对文本主观感知关键属性的识别以及所建立的预测模型的简单性是非常令人鼓舞的。通过模型揭示出：文本质量与笔画对比度和宽度正相关，而与模糊度负相关。显然与这些测度的含义及视觉感知规律相符合。

此外，也发现 X9 样本对该模型的不适用。通过观察，尽管 X9 样本对应的笔画三个测度值并不是最差的，即笔画性能还是合理的，但在打印形成的字符或文本有明显的笔画缺失，严重影响了对文本的认知，因而主观质量最差。由此表明，不良的结构或文本缺陷对文本质量有着显著的不利影响。

这里选择了 12pt Arial 字体字符的竖笔画测量，用来表征 4pt 英文字符和 9pt 汉字的客观质量，而不是 4pt 中的笔画宽度及 9pt 汉字中的笔画宽度。其中，12pt Arial 字体 "i" "1" 和 "t" 中竖笔画的宽度（相同）约为 374μm，4pt 英文字母 "b" 中竖笔画的宽度约为 115μm，9pt 宋体 "寵" 字中的横、竖笔画宽度分别约为 76μm 和 152μm。质量属性测量的线条宽度（374μm）与视觉测评文字的笔画宽度大得多。

另外，ISO/IEC TS 24790: 2012 标准中线条边缘外边界节点的阈值定义与 ISO/IEC 13660 标准不同，模糊度的数据会相应减小，且也已摒弃了对比度 C 测度，但 ISO/IEC 13660 标准的 C 值与 ISO/IEC TS 24790: 2012 标准的暗度具有内在的关联性。因此，若以

ISO/IEC TS 24790: 2012 标准中的测度进行这一模型的构建，C 值很可能由某种形式体现的线条暗度替代。

尽管如此，式（3-14）仍具有一定意义，其意义在于揭示了文字质量的视觉内涵：笔画清晰、锐利和高暗度、足对比，会提高对文本内容的认知；与此相反，诸如暗淡、失真、空洞、结构不良、边角侵蚀等缺陷会降低对其质量的优良感知。

基于 ISO/IEC 13660 标准测度，对印品文本质量影响的研究也有针对表 3-2 中 5 个测度开展，结果表明：由于线条会组成一个完整的文字，会出现靠近甚至搭接等现象，不同于这里线条宽度对文字质量的正向影响结果，而是在不同字号情况下，线宽的作用不同，在 5pt 以下小字号的情况下，会在某种输出情况对印品文字质量起着负面影响的作用。这也说明，感知质量的建模的确是一个复杂的系统工程，客观和定量地评估文本的质量仍然是一项挑战。

第4章 印刷图像的面质量属性

图像内容具有二维空间的非均匀性，否则就没有复杂、精彩的层次变化，也没有丰富多彩的颜色。但是，印刷系统往往使本来均匀的图像内容出现了非均匀的特性，即均匀性受到破坏。例如，在印刷和打印的大面积平网（由同一网点面积率填充构成）区域上（如A4打印输出的整个文档页面），往往会出现非预期但可见的色彩变化，包括一维、二维、周期性、非周期性、局部、大尺度和小尺度等各种类型，以及任何空间模式的变化，具体为条纹、条带、梯度、斑点和云纹等。

均匀性和非均匀性是描述同一问题的两个方面，因此常以非均匀性的程度表征本具有均匀面元特征的均匀性质量。

在评估感知的颜色均匀性时，应考虑预期的观测距离。在实际应用中，通常的做法是根据空间频率（或实际上眼睛看到的角频率）来区分两类均匀性：①微观均匀性。比如，与成像过程有关的颗粒度，通常由二维随机噪声组成。在正常阅读距离（40cm）情况下，它在视觉上适用于只有几平方毫米大小的图像对象。②宏观均匀性。包括一个或两个以上几何尺寸超过几毫米的畸变。它通常可在文档页面大小中看到，描述为条带、条纹等。

4.1 基于 ISO/IEC TS 24790: 2012 标准的面质量属性

针对所有印刷技术印刷图像质量的 ISO/TS 15311-1 标准和针对数字印刷技术印刷图像质量的 ISO/TS 15311-2 标准均保留了相同的面质量属性测度，且有着共同的来源，即 ISO/IEC TS 24790: 2012 标准。

如 1.3.2 节中所述，ISO/IEC TS 24790 标准定义的面质量属性（Large area graphic image quality attributes）含有的质量测度包括"大面积区域的暗度（Large area darkness）""背景暗度（Background darkness）""颗粒度（Graininess）"和"斑点（Mottle）""背景无关痕迹（Background extraneous mask）""大面积区域空洞（Large area void）"及"条道（Banding）"等，包含微观和宏观意义上的均匀性质量。

4.1.1　大面积暗度和背景暗度

1. 大面积暗度

大面积暗度（Large area darkness）中的大面积是指一个由平网（相同的网点面积率）填充输出的印刷图像区域，该区域的边界由符合第 3 章中式（3-1）对应的 R_{10} 阈值点确定。

在该面积区域内，可确定出短边长度不小于 12.7mm 的一个长方形区域，称为"兴趣区域（ROI）"，如图 4-1 所示。

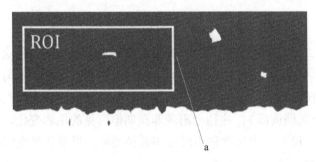

图 4-1　大面积区域及 ROI

注：表示"兴趣区域（ROI）"的短边长度。

对照图 4-1，大面积暗度的求解过程如下：

（1）确定 ROI 区域内各像素点的反射系数 $R(x,y)$，其中，x,y 代表像素位置；

（2）按式（4-1）计算整个 ROI 区域的平均（光学）密度，表征大面积区域的暗度。

$$大面积暗度 = \log_{10}\left(\cfrac{1}{\cfrac{1}{n \times m}\sum_{y}\sum_{x}R(x,y)}\right) \tag{4-1}$$

由式（4-1）可以看出，大面积区域的暗度是以密度值衡量的颜色深浅。

2. 背景暗度

这里的背景是指任何图像元素外边界之外至少 500μm 以外的区域。

在背景区域中同样选取一个短边长度不小于 12.7mm 的长方形区域，称为"兴趣区域（ROI）"，但兴趣区域要避开可看到的痕迹噪声，如图 4-2 所示。

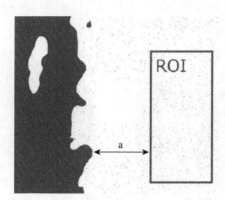

图 4-2　背景区域及 ROI

注：表示"兴趣区域（ROI）"距离图像对象外边界的距离。

对照图 4-2，背景暗度（Background darkness）的求解过程如下：

（1）确定 ROI 区域内各像素点的反射系数 $R(x,y)$，其中，x, y 代表像素位置；

（2）按公式（4-2）计算整个 ROI 区域的平均（光学）密度来表征大面积区域的暗度。

$$背景暗度 = \log_{10}\left(\cfrac{1}{\cfrac{1}{n \times m}\sum_{y}\sum_{x}R(x,y)}\right) \tag{4-2}$$

显然，其求解过程完全同于大面积暗度，仅"兴趣区域"选取的位置不同，分别反映了大面积图像元素和基材背景的深浅。

4.1.2　颗粒度和斑点

作为最常见的、主要的二维空间非均匀性质量缺陷之一，颗粒度（Graininess）在黑白和彩色印刷品中或多或少地存在。当颗粒的尺寸较小且与千变万化的图像内容叠加时，由于视觉系统固有的低通滤波特性，通常不会形成明显的颗粒感。但大面积平网区域经印刷系统作用后，颗粒感很难避免，常以颗粒度衡量。

斑点（Mottle）是二维空间非均匀性的另一重要表现形式，基本特征与颗粒度类似，但几何尺度明显大于颗粒度，因而更容易为视觉系统在正常观测距离上感受到。传统印刷使用的油墨为介于固体和液体间的胶状物，容易与纸张黏结到一起，所以印版滚筒的非印刷区域或橡皮布滚筒表面存在刮伤或堆积颗粒物时，才会在印刷品上出现白色斑点，正常印刷条件下斑点不容易出现。数字印刷引起斑点的原因与传统印刷不同，喷墨印刷装置喷射的墨滴飞行轨迹容易控制，定位精度相对较高，引起斑点的可能性不大；静电成像数字印刷的工艺步骤多，影响因素随之增加，出现斑点的可能性较高。本质上，颗粒度和斑点间不存在严格界限，划分颗粒度和斑点往往源于人为因素。习惯上人们认为斑点的几何尺寸大于颗粒度。

图 4-3 为颗粒度和斑点的示意图像。

（a）颗粒度

（b）斑点

图 4-3　颗粒度和斑点

在最初的 ISO/IEC 13660: 2001 标准中，对颗粒度和斑点测度定义为不同空间频率范围的光度量波动。ISO/IEC TS 24790: 2012 标准继承了这两个质量测度，但考虑了人眼视觉的感知特性，求解方法做了相应修改。

1. 颗粒度

ISO/IEC TS 24790: 2012 颗粒度的求解过程如下：

（1）在两个维度尺寸均大于 12.7mm 的大面积平网印品图像区域内部确定一个 12.7mm×12.7mm 的"兴趣区域（ROI）"，如图 4-4 所示。

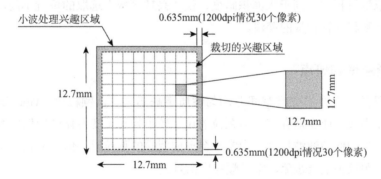

图 4-4　颗粒度求解兴趣区域及分割

（2）由至少 1200dpi 分辨率的数字成像系统对"兴趣区域"成像，形成印品"兴趣区域"的数字图像，1200dpi 分辨率成像的情况为 600×600 个像素。

（3）求得"兴趣区域"数字图像中每一像素的亮度因子 $R(x,y)$、$G(x,y)$、$B(x,y)$。

（4）按式（4-3）将 $R(x,y)$、$G(x,y)$、$B(x,y)$ 转换为 CIEXYZ 的亮度值 $Y(x,y)$。

$$Y(x,y)=0.2126R(x,y)+0.7152G(x,y)+0.0722B(x,y) \tag{4-3}$$

（5）采用分解层数为 6 的 db16 小波（Daubechies wavelets of order 16）对 Y 值数字图像进行小波变换，小波分解层计数 j（j=0, 1, 2, …, 5），去掉所有的 4 个高频分量，仅保留 2 层低频成分重构图像，即实施了 Y 值图像的低通滤波。对应的频率及重构参数取舍如表 4-1 所示。

表 4-1　6 层分解的小波频带

层计数	频带 /(cy/mm)	
5	23.6220 ～ 11.8110	
4	11.8110 ～ 5.9055	待去除的高频
3	5.9055 ～ 2.9526	
2	2.9526 ～ 1.4763	
1	1.4763 ～ 0.7382	颗粒度计算频带
0	0.7382 ～ 0.3691	

（6）进一步，将小波的最低分量即 0 级分量归零。

（7）利用小波逆变换重构图像的亮度图像，重构后的亮度为 Y′(x,y) 图像。

（8）将重构后的兴趣区亮度图像四边去除 0.635mm（1200dpi 成像对应 30 个像素）宽，剩余的区域分解为 9×9 小正方形单元，每个小单元的尺度为 1.27mm×1.27mm（1200dpi 成像每个单元对应 60×60 个像素）。

（9）由式（4-4）计算每个单元的亮度涨落。

$$v_{ij} = \frac{1}{60\times60-1}\sum_{x=1}^{60}\sum_{y=1}^{60}\left(Y'_{i,j}(x,y)-\overline{Y'_{i,j}}\right)^2 \tag{4-4}$$

式（4-4）中的 i、j 为该单元在 9×9 个单元中排列的行、列号，x、y 为一个单元中各像素的位置记号，$\overline{Y'_{i,j}}$ 为第 i、j 单元的平均亮度。

（10）由式（4-5）计算颗粒度，用 G 表示。

$$G = \sqrt{\frac{1}{9\times9}\sum_{i=1}^{9}\sum_{j=1}^{9}v_{ij}} \tag{4-5}$$

关于表 4-1 中各层小波对应的频率范围，由离散小波变换理论，可得其如下关系：

$$\frac{f_s}{2^{n-(j+1)}} \sim \frac{f_s}{2^{n-j}} \tag{4-6}$$

式（4-6）中的 n 为小波分解的总层数，即 6；j 为小波分解层计数，这里可取值为 0, 1, 2, …, 5，对应从低到高的频率分量；f_s 为图像的采样频率，单位为 cy/mm（周 / 毫米 -cycle/mm），由该方法中采用 1200dpi（等同于 spi）的数字成像分辨率，对应 600 个周期，因而得到 f_s 为 (1200/2)cy/25.4mm=23.6220 cy/mm。

2. 斑点

ISO/IEC TS 24790: 2012 斑点的求解过程如下：

（1）在两个维度尺寸均大于 25.4mm 的大面积平网印品区域内部确定一个 25.4mm×25.4mm 的"兴趣区域（ROI）"，如图 4-5 所示。

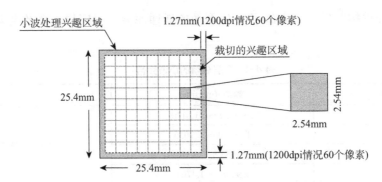

图 4-5　斑点求解兴趣区域及分割

（2）由至少 1200dpi 分辨率的数字成像系统对"兴趣区域"成像，形成印品图像"兴趣区域"的数字图像，1200dpi 分辨率成像的情况为 1200×1200 个像素。

（3）求得"兴趣区域"数字图像中每一像素的亮度因子 $R(x,y)$、$G(x,y)$、$B(x,y)$。

（4）按式（4-3）将 $R(x,y)$、$G(x,y)$、$B(x,y)$ 转换为 CIEXYZ 的亮度值 $Y(x,y)$。

（5）采用分解层数 n 为 9 的 db16 小波（Daubechies wavelets of order 16）对 Y 值数字图像进行小波变换，并置最高的 6 个高频小波分量为 0，即实施了 Y 值图像的低通滤波。小波分解层计数（Scale level）j（j=0, 1, 2, …, 8）、对应的频率及重构参数取舍如表4-2所示。

表 4-2　9 层分解的小波频带

层计数	频带 /(cy/mm)	
8	23.6220 ～ 11.8110	
7	11.8110 ～ 5.9055	
6	5.9055 ～ 2.9526	
5	2.9526 ～ 1.4763	待去除的高频
4	1.4763 ～ 0.7382	
3	0.7382 ～ 0.3691	
2	0.3691 ～ 0.1846	
1	0.1846 ～ 0.0923	斑点计算频带
0	0.0923 ～ 0.0461	

（6）进一步，将小波的最低分量即 0 级分量归零。

（7）利用小波逆变换重构图像的亮度图像，重构后的亮度为 $Y'(x,y)$ 图像。

（8）将重构后的兴趣区亮度图像四边去除 1.27mm（1200dpi 成像对应 60 个像素）宽，剩余的区域分解为 9×9 小正方形单元，每个小单元的尺度为 2.54mm×2.54mm（1200dpi 成像每个单元对应 120×120 个像素）。

（9）由公式（4-7）计算每个单元的亮度涨落。

$$v_{ij} = \frac{1}{120 \times 120 - 1} \sum_{x=1}^{120} \sum_{y=1}^{120} \left(Y'_{i,j}(x,y) - \overline{Y'_{i,j}} \right)^2 \tag{4-7}$$

式（4-7）中的 i、j 为该单元在 $9×9$ 个单元中排列的行、列号，x、y 为一个单元中各像素的位置记号，$\overline{Y'_{i,j}}$ 为第 i、j 单元的平均亮度，即小单元的宏观亮度。

（10）由公式（4-8）计算斑点，用 M 表示。

$$M = \sqrt{\frac{1}{9×9} \sum_{i=1}^{9} \sum_{j=1}^{9} v_{ij}} \tag{4-8}$$

从式（4-4）和式（4-7）不难理解，颗粒度和斑点求解中的 v_{ij} 代表了各自第 i、j 单元内亮度波动方差的平方，仍是方差的含义；而公式（4-5）得到的颗粒度值 G 和公式（4-8）得到的斑点值 M 都是各自 $9×9$ 个方差平方值的均方根。两者的差异在于每个小单元的尺度，以及滤波处理的小波尺度和保留的低频成分不同，以符合视觉对不同尺度二维非均匀性的感知特性。

4.1.3 背景无关痕迹和大面积区域空洞

1. 背景无关痕迹

在 3.1 节中介绍了字符周边背景的无关痕迹，计量了字符周边距离字符笔画边界 500μm 以内色粉痕迹的面积占比。而这里的背景无关痕迹具有类似的含义，只是关注的"兴趣区域"不再是距离字符笔画边界 500μm 以内，而是大面积图像区域 500μm 以外的区域，如图 4-6 所示。

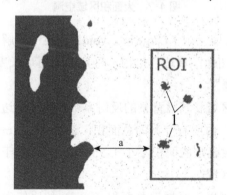

图 4-6　背景无关痕迹

注：a 表示距离字符线条一侧边界线 500μm 的距离；"1"表示色粉痕迹。

对照图 4-6，背景无关痕迹（Background extraneous mask）测度的求解过程如下：

（1）确定大面积图像区域边界外 500μm 以外、短边长度至少 12.7mm 的背景"兴趣区域（包含图像无关的痕迹）"。

（2）由大面积区域和基材背景的反射系数计算图像边界阈值 R_{40}。

（3）计算"兴趣区域"内由"1"所标记的所有色粉痕迹的总面积，记为 A_{EM}（μm² 单位）；其中，计入的色粉痕迹为小于 R_{40} 阈值反射系数确定的面积不小于 7580μm²（相当于 100μm 直径的圆）、某一方向没有分离的任何形状区域。

（4）以 A_{EM}（μm^2）与"兴趣区域"总面积（μm^2）的比值表征背景无关痕迹测度值，如式（4-9）所示。

$$背景无关痕迹测度值 = \frac{A_{EM}}{兴趣区域的面积} \qquad (4-9)$$

2. 大面积区域空洞

这里的大面积针对实地色，考察一定面积上不构成实地色痕迹的面积占比程度。如图 4-7 所示，"void"标记的变色区域即指这种不再视为实地色的空洞。

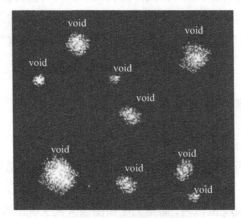

图 4-7　大面积区域空洞

对照图 4-7，大面积区域空洞（Large area void）测度的求解过程如下：

（1）在大面积实地色图像区域边界以内，确定一个短边长度不小于 12.7mm、面积不小于 161mm^2 的"兴趣区域"。

（2）由大面积实地色区域和基材背景的反射系数计算图像边界阈值 R_{40}。

（3）计算"兴趣区域"内所有空洞的总面积，记为 A_V（μm^2 单位）；其中，计入的空洞为大于 R_{40} 阈值反射系数确定的面积不小于 7580μm^2（相当于 100μm 直径的圆）、某一方向没有分离的任何形状区域。

（4）以 A_V（μm^2）与"兴趣区域"总面积（μm^2）的比值表征背景无关痕迹测度值，如式（4-10）所示。

$$大面积空洞测度值 = \frac{A_V}{兴趣区域的面积} \qquad (4-10)$$

4.1.4　条带

条带（Banding）是二维空间非均匀性缺陷之一，源于密度或反射系数的非均匀分布。传统印刷也存在着条带问题，常称为条杠。形成条带的原因有很多，如静电照相数字印刷机或打印机以激光束对光导体成像时，若光导鼓的旋转运动存在角速度波动，导致与设备走纸速度匹配不良，则很容易在大面积平网区域内出现条带。

ISO/IEC TS 24790: 2012 标准将条带定义为一维的周期性亮度波动。首先，"一维"两字意味着亮度或色度波动只发生在两个相互正交方向之一，另一方向的亮度或色度波动基本不变；其次，条带为周期性缺陷，说明条带的形成源于系统性因素。

ISO/IEC TS 24790: 2012 标准的条带测度针对一个大面积实地图像边界区域内不小于 160mm×100mm（分别对应 x、y 方向）的"兴趣区域"测量，如图 4-8 所示。

Banding

图 4-8　单色印品条带测试

对照图 4-8，ISO/IEC TS 24790: 2012 标准条带测度值的求解过程如下：

（1）利用彩色数字成像系统以 600dpi 分辨率采集如图 4-8 所示"兴趣区域"，形成"兴趣区域"的数字图像，其中所成数字图像须保证长方形"兴趣区域"图像不能有超过 0.2° 的倾斜。

（2）得到数字图像每一像素数字值对应的亮度因子 $R(x,y)$、$G(x,y)$、$B(x,y)$。

（3）对数字图像进行所有行的 $R(x,y)$、$G(x,y)$、$B(x,y)$ 求平均，得到 x 方向的一维图像数据 $R(x)$、$G(x)$、$B(x)$。

（4）按式（4-3）将 $R(x)$、$G(x)$、$B(x)$ 转换为 CIEXYZ 的亮度值 $Y(x)$。

（5）由式（4-11）将亮度值 $Y(x)$ 转换为明度值 $L^*(x)$。

$$L^*(x)=116[Y(x)]^{1/3}-16 \qquad Y(x)>0.008856 \tag{4-11}$$

（6）由式（4-12）通过带通滤波器对 $L^*(x)$ 进行调制。

$$L'(x)=FFT^{-1}\{Q(f)FFT[L^*(x)]\} \tag{4-12}$$

这里的 $Q(f)$ 是式（4-13）所给的调制函数：

$$Q(f)=0.617+0.40\tan^{-1}[1.33\log(f/0.074)] \tag{4-13}$$

式中，f 是空间频率，单位为 cy/mm（周／毫米）；当 $f>0.5$cy/mm 时，$Q(f)$ 为 0。

（7）由式（4-14）和式（4-15）中的三个高斯卷积核，将 $L/(x)$ 曲线函数分解为三个频率通道描述函数 D_1、D_2 和 D_3。

$$G_i(x) = e^{-(x/W_i)^2}, \quad W_1=50mm, \quad W_2=5mm, \quad W_3=0.5mm \tag{4-14}$$

$$\begin{cases} D_1(x)=G_1(x)\times L/(x) \\ D_2(x)=G_2(x)\times L/(x) - G_1(x)* L/(x) \\ D_3(x)=G_3(x)\times L/(x) - G_2(x)* L/(x) \end{cases} \tag{4-15}$$

（8）为了避免潜在的伪影，将 D_1、D_2、D_3 中的每个描述函数去掉前、后各 5mm，其后，对每个描述函数求取大于零的局部极大值和小于零的局部极小值 $\{\delta_{ki}\}_{i=1}^{N_k}$，且只保留绝对值；其中，$k$=1、2、3，分别对应 D_1、D_2、D_3，i 是每个描述函数对应的局部极大标记。

（9）将步骤（8）中得到的每个描述函数的局部极值按大小降序排列，形成一个极值序列 $\{\tilde{\delta}_{ki}\}_{i=1}^{N_k}$。

（10）利用"帐篷支柱求和法"对步骤（9）得到的降序极值序列求和：

$$M = \sum_{i=1}^{N} \frac{\tilde{\delta}_i}{p^{i-1}}, \quad \tilde{\delta}_i \geq \tilde{\delta}_{i+1} \tag{4-16}$$

式（4-16）中，p=2。

（11）条带测度值由式（4-17）表征：

$$条带 = 3.66\sqrt{M} \tag{4-17}$$

迄今为止，两种主流数字印刷技术（静电照相数字印刷和喷墨印刷）都可能在印刷图像中形成条带，虽然本质原因彼此不同，但都是墨料非均匀堆积的结果，因而对印刷图像视觉效果的干扰并无区别。

无疑，条带属于宏观层面的颜色均匀性测度。同样的空间非均匀性，由于颗粒度的几何尺度小且没有规律性，因而与图像内容叠加后不容易为视觉系统所察觉；条带则不同，大多数条带的几何尺度远超过颗粒度，再加上其周期性缺陷的特点，与图像内容叠加后，即使裸眼观察也很容易察觉。与斑点相比，虽然斑点的几何尺度比颗粒度大，密度波动频率比颗粒度低，但斑点的密度变化毕竟不像条带那样有规律，所以条带效应比斑点更容易为视觉系统感受到。

4.2　颗粒度与斑点质量测评

4.2.1　颗粒度与斑点模拟与分析

颗粒度和斑点都是大面积平网区域经印刷系统作用后的二维空间非均匀性，即二维噪声的表征，ISO/IEC TS 24790: 2012 标准对两者的定义和计算即体现了对这种二维噪声不同侧面的度量。事实上，颗粒度和斑点的量值以及相互关系，一定会与二维噪声的形态相关，而各种不同的数字成像技术就决定了这种噪声的不同形态。

在 Photoshop 中模拟了两种不同形态、不同程度的大面元噪声，分别制作了 5 张噪声程度由小到大逐渐增大的数字图像，如图 4-9 所示。图像分辨率为 1200dpi，25.4mm×25.4mm，计算斑点时用整幅图像，计算颗粒度时用其中的 12.7mm×12.7mm 部分。

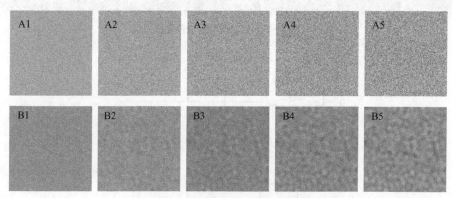

图 4-9　不同形态的二维噪声图像

按照 ISO/IEC TS 24790: 2012 标准的定义，分别计算 A、B 两组图像的颗粒度和斑点，得到关系曲线如图 4-10 所示。

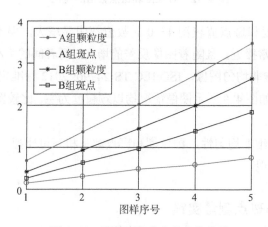

图 4-10　颗粒度和斑点的变化关系

从图 4-10 中可以看出，A 组、B 组图像，无论是颗粒度还是斑点数值均随其噪声程度的增加而增加，且 A 组图像的颗粒度与其斑点的差异大于 B 组图像情况。这与图像的二维非均匀性形态相关。相对于 A 组，B 组图像的颗粒感似乎有了"团簇"性，所以相对较大尺度的斑点噪声值与颗粒度值相对分量增大了。由此表明，这种二维空间的非均匀噪声，颗粒度和斑点的相对大小与噪声的形态相关；视觉上密集的颗粒噪声主要由颗粒度体现，而随着噪声"团簇"尺度的增大，斑点测度值会随之增大。

图 4-11 为一组颗粒和"团簇"分布更加不均匀的二维非均匀图像，每一个明或暗的"团簇"内还呈现颗粒感。从左到右排列图像序号分别为 1 ～ 7，图像反差逐渐增大。图 4-12 为其颗粒度和斑点数值的变化曲线。

图 4-11　二维非均匀模拟图

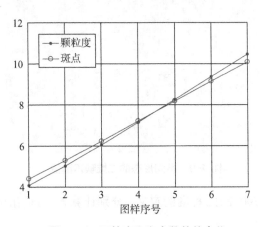

图 4-12　颗粒度和斑点数值的变化

图 4-12 中的颗粒度和斑点值较图 4-10 的数值都明显增大，但不像图 4-10 中样品的差异那么明显，而是非常接近，且随着图像反差的增大，两者间的大小关系还发生了变化。这表明，图 4-11 的二维非均匀图像，ISO/IEC TS 24790: 2012 标准定义的颗粒度和斑点数值上彼此相当，而不是如图 4-9 所示图像情况均以颗粒度为主。比较图 4-9 和图 4-11 图像，其应与视觉效果相吻合。

无论怎样形态的二维非均匀性，颗粒度和斑点都是相互可比拟、不可忽视其一的，是同一问题的两个不同表现。

4.2.2　颗粒度与斑点测量实践

无论是印刷还是打印图像，阶调层次的形成均基于加网技术。除受到加网过程本身的因素影响外，还会受印刷 / 打印工艺、色料与纸张间的吸附等相互作用因素的影响，是多元素的综合结果。

对有代表性输出体系的颗粒和斑点测度还需进行测量实践。

选择了四个输出设备体系：HP Indigo 5500 数字印刷机分别使用铜版纸和细绒纸、Canon 520 喷墨打印机和 Epson 7908 喷墨打印机均使用照片级光泽打印纸。分别制备了各种不同亮度的大面积平网单黑色（黑色墨）图像色样，每个色样的尺寸为 30mm×30mm；

对应上述设备和纸张组合，分别记为 1#、2#、3# 和 4# 样品组。

第一步，将色样形成数字图像。采用了专业级彩色扫描仪 Epson GT-X970，色样扫描参数为：24 位彩色模式，1200dpi 分辨率，不做任何图像增强、优化等处理；数字图像文件存为 *.tif 格式。

第二步，将 RGB 数字图像转换为 CIEXYZ 的亮度 Y 值图像，即将图像每个像素的 RGB 值变为代表样品本身的视觉亮度值。

按照 ISO/TS 15311-2: 2018 标准（同于 ISO/IEC TS 24790 标准）的方法，对形成的 RGB 彩色数字图像按照式（4-3）形成亮度 Y 值。但需要说明的是，式（4-3）成立的基础是成像系统的颜色响应符合 sRGB 标准，且式（4-3）中的 R、G、B 也并非扫描图像的 RGB 值，而是需指数转换后才能符合式（4-3）。因此，该实践将扫描仪进行亮度校准，利用校准关系将 RGB 数字转换为样品 Y 值图像的方法。

第三步，经小波滤波形成滤波后的 Y′ 图像，并完成颗粒度和斑点值的计算。

图 4-13 为 4 个输出样品组颗粒度和斑点（分别记为 G 和 M）随样品亮度从大到小（相当于网点面积率从小到大）的变化曲线，其中横坐标量 Y_{mean} 为样品所有像素亮度的均值，代表其宏观亮度。

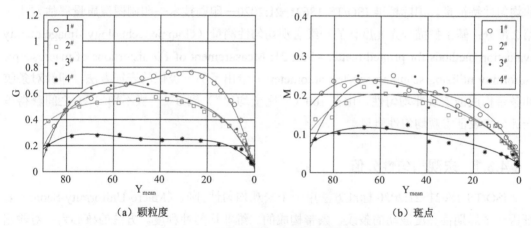

（a）颗粒度　　　　　　　　　　　（b）斑点

图 4-13　颗粒度和斑点随样品亮度的变化

从图 4-13 中可以看到，四个样品中 4# 样品的斑点和颗粒度值相对最小，这表明其视觉上斑点和颗粒感的二维非均匀性最弱；而 1#、2#、3# 三个样品总体差异不大，这种二维空间的非均匀性均强于 4# 样品。

样品的斑点和颗粒度值均随样品的宏观亮度而变化，且均表现为高亮调（接近基材的亮度）和高暗调（接近可输出的最大密度）色对应的斑点和颗粒度相对较小。但不同的样品，斑点和颗粒度随其宏观亮度变化的关系不同，1#、3# 样品峰值颗粒度对应的宏观亮度分别在中亮调之下和之上，阶调特征不同，而其峰值斑点对应的宏观亮度均在中亮调偏上；相比之下，2#、4# 样品的颗粒度和斑点值随宏观亮度的变化又不具明显的峰位特征。

由此可见，即便是一个确定的输出系统，随其输出亮度的不同（对应不同的网点面积率），颗粒度和斑点也是变化的，形成视觉上不同程度的二维非均匀性。ISO/TS 15311-2: 2018 标准中规定，最好用 20%、40% 和 70% 三个阶调印品图像的颗粒度和斑点测试结果表征这种二维非均匀性特征，应是考虑了这一质量属性与其宏观亮度相关的特性。

此外，样品 1#、2# 为同一设备不同纸张的输出情况，但由图 4-13 看到，1#、2# 曲线间差异明显，充分表明了纸张性能对斑点和颗粒度的显著影响。

如图 4-13 所示 4 个样品组的数据结果与样品颗粒感的视觉效果能够对应，表明 ISO/IEC TS 24790 标准定义的颗粒度和斑点指标能够反映平网印品图像的二维非均匀性特性。

4.3　基于 ISO/TS 18621-21：2020 标准的一维宏观均匀性质量属性

ISO/IEC TS 24790:2012 标准中具有丰富的面质量属性，4.1.4 节介绍的条带（Banding）及"条带"值的计算式（4-17）为针对实地色上的一维周期性亮度波动决定的一种二维非均匀性特征量。国际标准 ISO/TS 18621-21:2020—印刷技术—印刷图像质量评估方法—第 2 部分：基于扫描分光光度计的一维宏观均匀性测量（Graphic technology -Image quality evaluation methods for printed matter - Part 21: Measurement of 1D distortions of macroscopic uniformity utilizing scanning spectrophotometers）给出了另一类似的表征方法，即针对条纹和条带构成的宏观非均匀性，由在 100（"完全均匀"）到 0（"极不均匀"）之间获得单一评分来表征宏观均匀性质量。

4.3.1　宏观均匀性分值

ISO/TS 18621-21:2020 标准方法用一个宏观均匀性分值（Macro-Uniformity-Score）表征因一维周期性亮度波动的条纹、条带构成的二维非均匀性程度。方法的核心为：对输出的测试页面沿水平和垂直方向上均匀分割成数个子区，由众多子区的颜色得到一个最终的均值色差，即宏观均匀性分值（Macro-Uniformity-Score）。

标准要求样本的测试页采用 A4 幅面，采样区域最小宽度（最小高度）应为 156mm，由平网填充区域构成，其数字文档宜以 pdf 格式存储及输出。测试页采样区域假定子区间距为 6mm，可形成一个 31×26 的二维子区网格。典型的测试页图像如图 4-14 所示，两侧带有的标记可用于颜色的自动扫描测量。

标准同时指出，用于输出的每个单独测试图数字应在指定的色空间中，如单色 K、RGB、CMYK 或专色。使用的色值和颜色编码没有任何限制，但为了能够在设备、基材和墨水间使测试结果可比较，通常使用如下建议的颜色数值：

（a）C，65%；M，50%；Y，50%；K，50%。

图 4-14　可用于自动扫描测量的带标记测试页

（b）C，40%；M，30%；Y，30%；K，30%。

（c）C，20%；M，15%；Y，15%；K，15%。

在不适合使用 CMYK 值的情况下，可使用如下 CIELAB 颜色值（M1、白衬底测量条件）：

（a）CIELAB = [32，−2，−2]。

（b）CIELAB = [52，0，−3]。

（c）CIELAB = [72，1，−4]。

测量仪器应符合 ISO 13655 标准，测量孔径（直径）不小于 3mm，不大于 6mm。测量用衬底应为白色，并符合 ISO 13655: 2017 附录 A 条件。在打印输出的情况下，同时要考虑打印输出使用的再现意图。

对于 31×26 的二维子区网格情况，子区分布如图 4-15 所示。

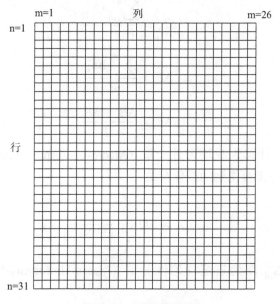

图 4-15　测量子区分布

对输出的印刷图像样本，对照图 4-15，宏观均匀性分值（Macro-Uniformity-Score）的测量过程如下：

（1）测量所有子区的 CIELAB 色度值，并按式（4-18）、式（4-19）分别求取行、列子区的平均色度。

$$Lab_{r,j} = \frac{\sum_{i=1}^{n} Lab_{j,i}}{n} \tag{4-18}$$

$$Lab_{c,i} = \frac{\sum_{i=1}^{m} Lab_{j,i}}{m} \tag{4-19}$$

如图 4-15 所示，在 31×26 二维子区（n=31、m=26，共 806 个）的情况下，若颜色测量子区外侧周长处于印刷区域内，则测量所有子区的 CIELAB 颜色值；否则，测量区域外侧周长一圈的所有子区（第 1 行、最后 1 行，第 1 列、最后 1 列）忽略不测，则测量并存储其余子区（为 29×24，即 n=29、m=24，共 696 个）的颜色值。

（2）使用式（4-20）、式（4-21）计算每列相邻平均子区之间，以及每行相邻平均子区之间的 CIEDE2000 色差。对于 n=29 行和 m=24 列的 A4 版面样品，根据行计算将有 28 个色差，根据列计算将有 23 个色差。

$$\Delta E_{r,i} = \Delta E\left(Lab_{r,j}, Lab_{r,j+1}\right) \tag{4-20}$$

$$\Delta E_{c,j} = \Delta E\left(Lab_{c,i}, Lab_{c,i+1}\right) \tag{4-21}$$

（3）由式（4-22）、式（4-23）分别求行色差和列色差，进一步由式（4-24）计算总色差。

$$\Delta E_r = \frac{\sum_{j=1}^{n} \Delta E_{r,j}}{n-1} \tag{4-22}$$

$$\Delta E_c = \frac{\sum_{i=1}^{m} \Delta E_{c,i}}{m-1} \tag{4-23}$$

$$\Delta E_t = \frac{\Delta E_r + \Delta E_c}{2} \tag{4-24}$$

（4）由式（4-25）计算宏观均匀性分值（Macro-Uniformity-Score），式中的因子 40 和 15 为与心理物理数据拟合得到的最佳参数。

$$S_{MU} = 100 \times \left(\frac{1}{2^{\left(\frac{40 \times \Delta E_t}{15}\right)}}\right) \tag{4-25}$$

式（4-25）中的 S_{MU} 即为宏观均匀性分值（Macro-Uniformity-Score）。也可缩写为 MUS 或 MUS-score。

宏观均匀性分值没有测量单位，数值范围在 0 ～ 100，根据四舍五入的原则取整数。

应用实践表明，式（4-25）所给出的 S_{MU} 与静电成像打印及喷墨打印系统的条纹和条带的感知非均匀性有很好的相关性。

因其基本的颜色数据来源于不小于 3mm 直径圆形区域的平均色度，因此不难理解，该均匀性质量测度没有计量非均匀性的高频成分，如由于喷嘴缺陷造成的丝状颜色缺失等。

图 4-16 为宏观均匀性分值 S_{MU} 随总色差 ΔE_t 变化的曲线关系。可以看出，S_{MU} 随 ΔE_t 的增大迅速降低，0.5 的 CIEDE2000 色差 ΔE_t 就已使 S_{MU} 降到了 40，而到 2.5 的 ΔE_t 总色差情况，S_{MU} 已近似为 0。

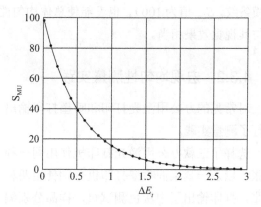

图 4-16　宏观均匀性分值随总色差的变化关系

如果将该测评方法应用到如图 4-17 所示两个 K 色较为极端的情况，可得到 S_{MU} 及由水平和垂直方向色差各自对应的宏观均匀性分值结果如表 4-3 中 S_{MU} 行数据所示。表中同时给出决定 S_{MU} 结果的色差值，即公式（4-25）对应的色差。

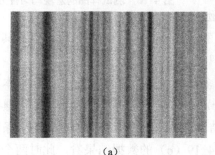 

（a）　　　　　　　　　　　　　（b）

图 4-17　宏观均匀性

表 4-3　图 4-17 样本的宏观均匀性特征值

测量值	图 4-17（a）			图 4-17（b）		
	沿水平方向（看竖条纹）	沿竖直方向（看横条纹）	两方向综合效果	沿水平方向（看竖条纹）	沿垂直方向（看横条纹）	两方向综合效果
S_{MU}	0	25	0	1	100	12
CIEDE2000	16.44	0.75	8.60	2.31	0	1.16

表 4-3 数据给出了图 4-17 中（a）、（b）两个样本的宏观均匀性特征值，由公式（4-25）决定的总 S_{MU} 值分别是 0 和 12，对于 0 ～ 100 的数值表征范围，这两个数值无疑是极低和很低的，与该两个样品的视觉非均匀性相对应，可体会该指标的表现力。

表 4-3 中同时给出了构成总色差的水平和垂直两个方向色差形成的宏观均匀性测度值 S_{MU}，以及各自对应的色差值。不难看出，这两个样本均表现为沿水平方向变化形成的色

差（对应视觉上的竖条纹）较沿竖直方向变化形成的色差（对应视觉上的横条纹）大得多，是其非均匀性的主要成因。尤其是图 4-17 中样本（b）的情况，沿垂直方向的绝对均匀（没有横条纹，S_{MU} 值为 100），也没能使总体均匀性更好，仅 12 的总 S_{MU} 值似乎体现了这一点，并与其视觉效果相当。

4.3.2 宏观均匀性测量实践

对常见的办公用激光打印和喷墨打印输出进行了测量实践。

选择了三款办公用激光打印机使用同一种纸张，以及一款桌面喷墨打印机分别使用两种纸张，打印输出了中灰色测试页，样品分别编号为 1#、2#、3#、4# 和 5#。采用 3.4mm 孔径的分光光度计按照 4.3.1 节的标准要求测量及计算，得到样品的宏观均匀性分值 S_{MU} 如图 4-18 所示（为 4 次输出的平均值）。

从图 4-18 看到，所测三款激光打印技术输出的样本（1#、2#、3#）宏观均匀性整体逊

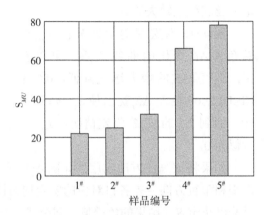

图 4-18　测试样品的宏观均匀性分值 S_{MU}

色于所测喷墨打印输出的样本（4#、5#）。4# 和 5# 样品对应不同的纸张，因此其 S_{MU} 值的较大差异表明纸张对宏观均匀性的影响不容忽视。

此外发现，该 5 个样品中，2# ～ 5# 样品多次打印的重复性较好，但 1# 样本的重复打印样本差异较大，如图 4-19 及表 4-4 所示分别为其重复输出的 1# 样本中 2 个典型测试页的扫描图和测试结果。图 4-19（a）的数据结果表明，尽管存在两条明显的竖条纹，但横条纹是其非均匀性现象的主要成因。但从图 4-19（b）的数据结果看，此时两个方向的非均匀性相差不大。这一数值特征与视觉观看的差异感觉一致。

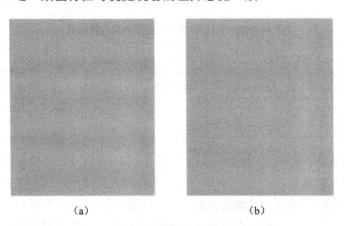

（a）　　　　　　　　　　　（b）

图 4-19　1# 样本重复输出的测试页扫描

表 4-4　1# 样本重复输出的宏观均匀性特征值

测量值	图 4-19（a）			图 4-19（b）		
	沿水平方向（看竖条纹）	沿竖直方向（看横条纹）	综合效果	沿水平方向（看竖条纹）	沿垂直方向（看横条纹）	综合效果
S_{MU}	37	9	18	30	26	28
CIEDE2000	0.54	1.33	0.94	0.64	0.74	0.69

需强调的是，该均匀性质量表征方法没有计量非均匀性的高频成分，不仅包括喷嘴缺陷造成的丝状颜色缺失，也应该包括图 4-19（b）样品图中较细的横纹，因其宽度远小于光度测试 3.4mm 的进光孔径，该条纹的光度变化已被光孔所平均。

4.4　噪声功率谱

4.1.3 节介绍的颗粒度和斑点，代表了大面积平网区域在印刷系统作用下引起的反射系数或密度的波动。因这种二维空间的波动为随机现象，用标准离差方式的颗粒度和斑点表征是合理的，不仅直观，也便于理解。但是，以颗粒度和斑点所表示的这种空间非均匀性仅表示反射系数或密度偏离平均值的程度，并不能反映这种波动在该区域中的结构特征。因此，仅用颗粒度和斑点表示大面积平网区域的二维空间非均匀性还不够，更加完整的描述应是噪声功率谱。

4.4.1　频谱和功率谱

简单地说，频谱（Frequency spectrum）就是频率分布。

任何表现在空间距离或时间长度上具有复杂变化规律的物理现象（信号）都可以变换到频域中描述，分解成有限数量以不同幅值的频率表示的谐波分量，所分解出频率成分的幅值与频率的关系曲线称为频率分布，即频谱。

理论上，当谐波数量达到无穷大时，傅里叶变化就能够形成对物理现象原空域或时域表示的准确描述。但理论并不现实，即使应用快速傅里叶变换，允许处理的谐波数量也是有限的，所以分解成有限数量的谐波成分叠加是实践中切实可行的办法，只要叠加效果与原信号足够近似即可。

物理信号往往蕴含着能量，且能量常与物理量的平方成正比。比如，质量为 m 的质点或刚体以速度 v 运动时的动能为 $mv^2/2$。对数字相机或平板扫描仪捕获并输出的图像信号而言，离散的数字似乎与能量没有关系，但数字图像的像素值是由光信号转换而来的，因而可认为图像信号的能量是光能量的间接表示。功率也是能量的一种表示，定义为信号作用范围内的平均能量。

类似地，功率谱定义为信号分解为不同幅值频率的谐波分量时，每个谐波分量对应的信号功率与频率的关系。计算中，每一频率谐波分量的功率与 $|F(u)|^2/n$ 相对应，其中 $F(u)$ 为信号经傅里叶变换得到的频率为 u 的谐波分量，$|F(u)|$ 代表其幅值，n 为归一化因子，许多计算功率谱的软件常默认 n 为信号的样本数。所以，功率谱即 $|F(u)|^2/n$ 随频率 u 变化的关系曲线。

在物理学中，信号通常以波的形式表现，如电磁波、随时振动或者声波等。定义这样一个量，将之称为功率谱密度，其含义是当用功率谱密度乘以适当的系数后将得到每单位频率的波携带的功率。由于功率谱和功率谱密度只差一个比例系数，所以有时认为功率谱密度就是功率谱。但实际上两者间还是有细微差别的，功率谱的单位就是功率的单位瓦特（W），而功率谱密度的单位通常为每赫兹瓦特（W/Hz）。

一个二维离散的图像信号，记为 $g(k,l)$，其傅里叶变换 $F(u,v)$ 为

$$F(u,v) = \sum_{k=0}^{n-1} \sum_{l=0}^{m-1} g(k,l) \exp\{-j2\pi(uk+vl)\} \tag{4-26}$$

式中，k、l 分别表示离散像素值的位置，n、m 分别代表图像水平和垂直方向包含的像素数。于是，这个信号对应水平和竖直方向频率分别为 u、v 的功率谱为

$$\left|F(u,v)\right|^2 / mn \tag{4-27}$$

4.4.2 噪声功率谱

印刷系统的作用会对印刷图像形成噪声，噪声功率谱可以综合性地描述这种印刷图像的空间非均匀性。由于噪声功率谱表示噪声功率与频率的关系，因而通过噪声功率谱曲线可以了解决定噪声能量的主要频率成分；进一步，与视觉系统对比度灵敏度函数结合起来考虑，可确定和分析噪声对视觉感受的影响。

二维图像为离散信号，其离散随机噪声的傅里叶变换可表示为

$$N(u,v) = \sum_{k=0}^{n-1} \sum_{l=0}^{m-1} \Delta g(k,l) \exp\{-j2\pi(uk+vl)\} \tag{4-28}$$

式中，$\Delta g(k,l)$ 为噪声信号，$N(u,v)$ 表示噪声的频谱。

噪声功率谱 NPS 表示为

$$NPS(u,v) = \frac{x_0 y_0}{N_x N_y} \left| \sum_m \sum_n \Delta g(m,n) \exp\{-2\pi j(umx_0 + vny_0)\} \right|^2 \tag{4-29}$$

式中，N_x、N_y 分别是兴趣区域沿水平和竖直轴方向的像素数；x_0、y_0 分别是沿水平和垂直轴方向的像素尺度，常为毫米单位；m、n 分别为水平和竖直轴方向上的像素编号，u、v 则分别为水平和竖直轴方向上的空间频率。

图 4-20 为颗粒噪声图像的噪声功率谱示意图。其中图 4-20（a）为噪声图像，图 4-20（b）为以影像亮度表示的噪声谱强度分布（将零点移到了中心），图 4-20（c）为以高度表示的噪声功率谱（将零点移到了中心），图 4-20（d）则是其中一行的噪声功率与空

间频率的对应关系，即一维功率谱曲线。从图 4-20（b）～图 4-20（d）可以看出，其噪声分布在以低频为主的一定频率范围内，这个颗粒噪声的情况约在小于 4 cy/mm 的频率范围内。

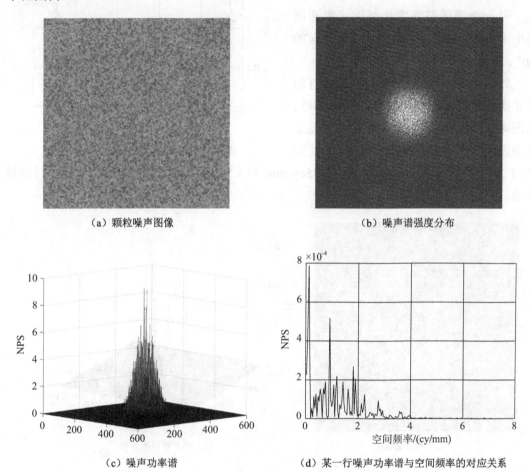

（a）颗粒噪声图像　　　　　　　　　　　　（b）噪声谱强度分布

（c）噪声功率谱　　　　　　（d）某一行噪声功率谱与空间频率的对应关系

图 4-20　颗粒噪声的噪声功率谱

图 4-20（d）其中一条水平线上的噪声功率谱并不能代表图 4-20（a）二维颗粒噪声在各个方向上的功率分布情况，需要分析所有方向上功率分布的统计特征，即对如图 4-20（c）所示的噪声功率频谱图中，考虑以中心为圆点、0°～360°径向所有方向上噪声功率随空间频率的变化关系。

在圆点与某一像素点（m，n）对应的 θ 方向上，该像素点的空间频率为 $f = \sqrt{u^2 + v^2}$，对应的噪声功率为 $NPS(u, v)$，可求得所有径向上相同频率 f 的噪声功率均值，该均值即为体现该二维噪声的噪声功率谱。

以该方法求得的图 4-20（a）颗粒噪声图像的噪声功率谱 NPS 曲线如图 4-21 所示，其中圆点为计算结果，实线为其拟合曲线。

对图 4-21 的噪声功率谱曲线，可对其曲线形状、频率范围及峰值频率等特征进行分析，共同反映该二维噪声的特性。

另一个例子是非实地平网（由相同但小于 100% 的网点面积率填充）图像的噪声。

如图 4-22 所示为一个静电成像打印机非实地色的平网图像及其噪声功率谱。从图 4-22（a）看到，噪声图像在视觉上主要表现为平网信息构成的噪声，图 4-22

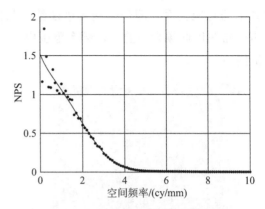

图 4-21　颗粒噪声的噪声功率谱曲线

（c）能看到噪声能量主要集中在 2.95cy/mm 和 5.95cy/mm 两个的空间频率处，且能量相当。

（a）噪声图像

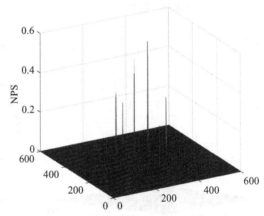

（b）噪声谱强度分布

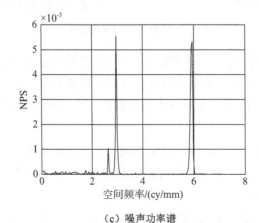

（c）噪声功率谱

图 4-22　一个静电成像平网打印图像及其噪声功率谱

进一步，可探讨该噪声功率谱曲线与颗粒度和斑点之间的相关性，以及与视觉灵敏度函数相结合，形成视觉感知的特征测度。

4.4.3 数字印刷图像噪声功率谱的测量

颗粒和斑点与图像内容叠加后很难被察觉，以致无法获得颗粒度和斑点测量数据，同样地，也无法获得噪声功率谱数据。因此，数字印刷图像噪声功率谱的测量应该像颗粒度和斑点测量那样针对大面积平网区域。要设计包含实地或平网区域的测试图，以数字印刷机或打印机输出，再利用数字相机或平板扫描仪将测试图样转换成数字图像，即可实现噪声功率谱的测量。

实施数字印品噪声功率谱的测量，需考虑测试图样的面积大小和视觉加权。

1. 测试图样的面积大小

目前，噪声功率谱尚未进入印刷图像质量测评标准，从而也不存在标准方法，甚至竟没有明确规定应该测量多大面积平网区域。

在离散的二维图像处理中，快速傅里叶变换的长度通常取 256 个数据点（像素），且数据搭接长度取 128 个数据点的居多。在满足 128 个搭接数据的条件下，若形成 2 个长度为 256 个像素的数据块，则需要至少 384 个像素；以此类推，形成 3 和 4 个长度为 256 个像素的数据块，分别需要至少 512 和 640 个像素。如果按照采用 600dpi 分辨率对印刷图样数字化，则 384、512 和 640 个像素需要的图样尺寸分别约为 16.3mm、20.3mm 和 27.1mm。对于印品图样的噪声功率谱测量，至少 2 个长度为 256 个像素的数据块是需要的，对应至少需要 16.3mm 边长的正方形区域。考虑到用户定义区域时总要在填充区域周围留出一定距离，不妨取感兴趣区域为 17mm 边长的正方形。

实际测量中，往往针对数个这样的测试面积进行测量，由平均结果体现噪声功率谱的特征。

2. 视觉加权

可将视觉感知特性附加到噪声功率谱中，以形成能够为视觉感知的噪声功率特性表征方法，这个可感知的噪声功率谱应是噪声功率与视觉灵敏度平方的乘积。

视觉灵敏度代表正常视觉系统对不同空间频率明度变化的分辨能力。

在第 5 章 5.4.1 节中会看到，人眼的正常视觉对亮度对比度的灵敏度随空间频率而变化，且有一个灵敏度的峰值频率，在峰值频率两侧，敏感度均呈下降趋势，在高频端有一个感知极限。在 300mm 和 400mm 视距的情况，人眼视觉系统的感知峰值频率分别在 0.5cy/mm 和 0.4cy/mm 处，感知极限频率分别为 6cy/mm 和 4.5cy/mm。这就是说当频率达到极限频率或更高时，视觉上已将原本的差异感受抹平。

印刷图像的有效分辨率是印刷系统和视觉系统共同决定的，当印刷系统的分辨率超过视觉系统的分辨能力时，该印刷系统的高分辨率也许会变得毫无实际意义。6cy/mm 的空间频率相当于 60 线 / 厘米或 150 线 / 英寸加网。若网点分辨率比 150 lpi 更小，则视力正常的人将能够看清网点结构。

因此，有效的印刷图像噪声测评，最多可在 0 ~ 6cy/mm 内进行，由噪声功率谱与对应视觉灵敏度平方的乘积体现。对于正常视距（400mm）的视觉灵敏度加权，图 4-21 的噪声功率谱中，小于 0.4cy/mm 频率的噪声能量会明显降低，而图 4-22（c）的噪声功率谱中，约 6cy/mm 处突出的噪声能量会几乎为零。

第5章 印刷图像的清晰度质量属性

清晰度是图像的重要质量属性。印刷图像的清晰度源于其细节分辨能力，受加网线数、数字设备的记录精度、着色剂的物化性能，以及其与基材的相互作用等因素的影响。

多种质量测度用于直接或间接表征印刷图像的清晰度质量，如第 1 章中表 1-3 所示针对各种印刷技术的印刷图像质量的 ISO/TS 15311-1 标准中规定了印刷图像的细节再现能力。除线条的质量属性外，还增加了有效寻址能力（Effective addressablity）、模量传递函数（Modulation transfer function-MTF）和感知分辨率（Perceived resolution）等。这些质量测度均是印刷图像清晰度的表征。

有效寻址能力和模量传递函数两项测度的测量均遵照 ISO/IEC TS 29112:2018 标准—信息技术—办公设备—测试图和测量单色打印机分辨率用方法（Information technology - Office equipment - Test charts and methods for measuring monochrome printer resolution）。感知分辩率的测量遵照 ISO/TS 18621-31: 2020 标准（印刷技术、印刷品图像质量评价方法、第 31 部分：利用反差—分辨率图标对印刷系统感知分辨率的评价—Graphic technology - Image quality evaluation methods for printed matter -Part 31: Evaluation of the perceived resolution of printing systems with the Contrast-Resolution chart）。

5.1 印刷系统的分辨率

ISO/IEC TS 29112 标准为针对办公设备单色打印机分辨率的测试方法。在最新的 ISO/

IEC TS 29112: 2018 标准中指出，打印机的分辨率主要受打印系统的物理寻址能力、有效寻址能力、边缘模糊度、边缘粗糙度，以及空间频率响应五方面因素影响。其中，边缘模糊度和边缘粗糙度指标即第 3 章所定义的线条质量测度，但在该标准中，使用了三个不同倾斜角度的刃边印刷图像测量边缘模糊度和边缘粗糙度。

5.1.1　物理寻址能力

数字印刷机或打印机的寻址能力描述每单位长度内设备能够将色料定位到基材上的能力，以精度表征，单位为每英寸点数——spi（Spots per inch）。

例如，很多以激光为成像光源的静电照相数字印刷机利用旋转棱镜系统使激光束偏转，沿页面宽度方向执行顺序扫描，激光束光斑直径约为 42.3μm，其邻接排列则形成 600spi 的分辨率，为其色料定位的精度。但其沿页面高度方向的定位精度由输纸机构步进的运动精度决定，形成的步进间隔明显小于激光束直径，因而该方向（也称为切向方向）的色料定位精度高于页面宽度对应的扫描方向。

输出系统的这种由物理部件客观性能决定的色料定位精度，在两个方向不同。将一个方向称为同轨（In-Track）方向，如激光扫描打印的走纸方向；另一个方向称为交轨（Cross-Track）方向，如激光扫描打印的激光扫描方向。

ISO/IEC TS 29112:2018 标准中对打印机的物理寻址能力采用了视觉评估的方法。该视觉评估方法是可以反重复进行的（Iterative——迭代的）。其过程为对测试页文件 TP1_NativeAddr.eps 进行 RIP（栅格处理器）处理后按指定的方法打印输出样品，其后对样品进行视觉评估。

一个 PostScript 打印机的 RIP 会给打印机的寻址提供一个值。当打印时，EPS 版的物理寻址能力测试页文件会自动地从 RIP 得到寻址值。

图 5-1 为 RIP 之后的物理寻址能力测试页图示。其中包含四部分元素：

（1）打印状态和配置检查元素。

（2）视觉评估检验打印配置是否能够对物理寻址能力进行正确的评估。包括四个评估单元中所有阶调均都清晰可见，否则表明打印过程或 RIP 配置有问题（不合适的分辨率、过高反差的阶调级、二进制再现问题等），需要调整前面过程。

（3）物理寻址能力的初步评定。能够看出近似物理寻址能力的交叉和同轨级别。在打印机分辨率下，这些元素中的莫尔条纹会消失。该视觉评估可对系统的物理寻址能力给出大概的评定。

（4）物理寻址能力的精确评定。该部分元素可给出精确评定物理寻址能力的交叉和同轨级别。视觉确定其中莫尔条纹消失的位置即准确给出了输出系统的物理寻址能力。

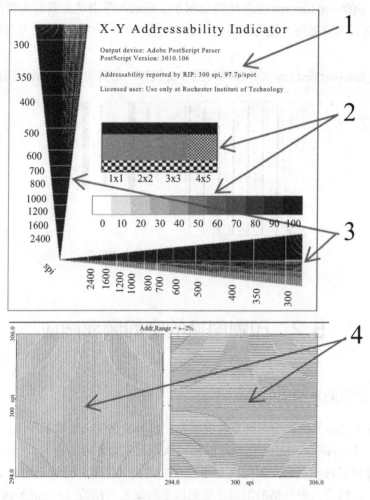

图 5-1　数字输出系统物理寻址能力评估页

5.1.2　有效寻址能力

按照 ISO/IEC TS 29112:2018 标准的定义，打印系统的有效寻址能力是指一个打印对象（如线段）中心可移动的最小间距，也对应为 spi（Spots per inch）表征。

一个打印输出系统的有效寻址能力可以大于其物理寻址能力。这个较高的有效寻址能力通常由打印机数字数据处理的软件算法控制，而这个算法通常打印机用户是无法得到的。同样，有效寻址能力在同轨（In-Track）方向和交轨（Cross-Track）方向也可以是不同的。

ISO/IEC TS 29112:2018 标准对打印系统有效寻址能力的测量方法为：对 TP2-H2x_EffAddrHorz.eps 和 TP2-V2x_EffAddrVert.eps 文件进行拷贝和重新命名；转换拷贝的文件中的文本和线条为打印系统物理寻址能力对应的分辨率，在规定的打印条件下打印输出；借助扫描仪按照标准给出的方法进行测评。

101

TP2-H2x_EffAddrHorz.eps 文件样张如图 5-2 所示。图中从左到右为纸的运动方向；标为 "2" 的区域为有效寻址能力图案的一部分，标为 "1" 的元素为从基准线分开一定距离的线段。

TP2-V2x_EffAddrVert.eps 文件图样与图 5-2 类似，是其旋转 90° 后的图样。

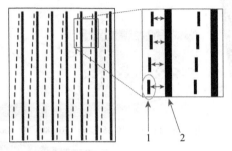

图 5-2　水平方向有效寻址能力测试页

5.2　印刷图像的空间频率响应

5.2.1　空间频率响应的定义

数字印刷或打印系统的空间细节表现能力受边缘模糊度、边缘粗糙度、打印记录点的大小和形状，以及再现过程中可能出现的任何临界效应的影响。

扫描或硬拷贝输出习惯于用每英寸可包含的数据（像素）点或记录点数 ppi 或 dpi 衡量空间分辨率。然而，更严格的度量单位应该是每毫米周期数（cy/mm）或每英寸周期数（cy/in）。分辨率是空间频率的函数，因而分辨率应该是二维的概念，仅仅以单一的数字定义分辨率是不够的。因此，为了描述硬拷贝输出系统的分辨能力与空间频率的相关性，要以曲线的方式反映分辨率与空间频率的关系，即空间频率响应 SFR（Spatial frequency response- SFR）曲线。

在分析图像形成系统的再现能力时，再现调制与原始（期望）调制的比率可用来描述印刷、打印系统在特定空间频率下再现正弦输入的能力。在一定空间频率范围内的这个比率称为调制传递函数（Modulation transfer function-MTF）。

如图 5-3 所示为 MTF 原理说明。图中，1 代表不同空间频率的原始调制；2 代表对应空间频率的复制调制。调制度的含义为信号的感知亮度与其平均亮度的无量纲比率，可以表示为

$$M = \frac{Y_{\max} - Y_{\min}}{(Y_{\max} + Y_{\min}) / 2} = \frac{\Delta Y}{\bar{Y}} \tag{5-1}$$

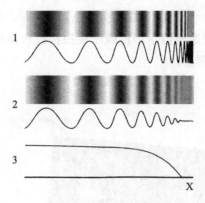

图 5-3　调制传递函数

调制度 M 值会随空间频率增高而降低。

进一步定义调制传递值 T，为再现调制度与原始（期望）调制度的比率：

$$T = \frac{M_2}{M_1} \qquad\qquad (5-2)$$

式中，M_2 和 M_1 分别代表由式（5-1）决定的再现调制度和原始调制度。

将 T 值随空间频率的变化关系称为调制传递函数 MTF。图 5-3 中的 3 即为 MTF 函数曲线，表示出复制（输出）的调制度与原始（输入）调制度的比率随空间频率增大而逐渐降低的特征。

ISO/IEC TS 29112: 2018 标准将 MTF 与 SFR 等价。因此，ISO/TS 15311-1 标准中要求的 MTF 质量测度也称为空间频率响应 SFR。

对数字印刷机或打印机而言，严格意义上的空间频率响应大多以正弦信号测量，因而空间频率响应描述的是输入（数字文件）端的正弦信息通过数字印刷机或打印机的作用到达输出端时衰减了多少，必须按每一种空间频率成分考虑信号的衰减量，才能完整地描述设备的这种输出特性。

5.2.2　空间频率响应的倾斜刃边测量法

1. SFR 的倾斜刃边测量法原理

倾斜刃边测量法已经进入国际标准，用于测量数字相机和平板扫描仪或其他图像捕获设备的空间频率响应。现有的研究成果表明，这种方法也可以为数字印刷机或打印机空间频率响应测量所采纳。与数字成像设备空间频率响应的唯一区别表现为：数字相机或平板扫描仪的空间频率响应测量有标准测试图可用，而数字印刷机或打印机空间频率响应不存在标准测试图的问题，必须由被测设备将测试图复制为印刷图像，针对印刷图像才能评价设备的空间频率响应能力。

图 5-4 为倾斜刃边示意图。印刷和打印输出的情况，输出的印刷图像常为白色背景（基

材）上由倾斜的四边组成的一个黑色（常为实地色）正方形。测量实践表明，倾斜角度以 $5° \sim 8°$ 为宜。需对该印刷图像经数字相机或平板扫描仪转换成数字图像，经数字图像处理方法实现空间频率响应的测量。

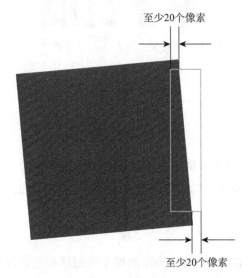

图5-4 适合于倾斜边缘测量法的基本测试单元

根据倾斜刃边法空间频率响应测试原理，需选择一个矩形兴趣区域，要求符合图5-4中右侧区域内外侧至少20个像素的要求，这种要求对高分辨率图像来说并不困难。

图5-5为倾斜刃边法求解空间频率响应的原理过程。主要步骤如下所示：

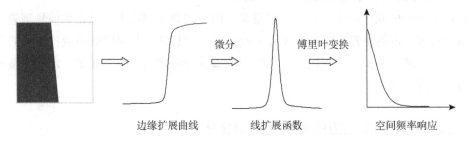

图5-5 倾斜刃边法空间频率响应测量原理

（1）根据印刷图像刃边的反射系数数据提取亚像素边缘位置。

（2）依据亚像素边缘位置提取采样数据，拟合边缘扩展曲线。

（3）对边缘扩展曲线一次微分，得到线扩展函数曲线。

（4）对线扩展函数曲线做傅里叶变换得到空间频率响应曲线。

对于数字印刷机或打印机输出的情况，除以上步骤外，还需要增加测试图设计，以及利用被测量的设备输出测试图的步骤。

2. ISO/IEC TS 29112 标准的 SFR 倾斜刃边测量法

ISO/IEC TS 29112:2018 标准将倾斜刃边法作为测量打印机空间频率响应 SFR 的第一种方法。其中借助扫描成像对印刷测试样张成像和测量。

对测试用的平板扫描仪，需满足几个特性要求：

（1）扫描分辨率等于或大于打印系统的物理寻址能力（分辨率）；同时，该分辨率需为不小于被评估打印系统有效分辨率的一半或 1200dpi 中的较大值。

（2）有足够的动态响应范围，即响应的最小、最大密度范围，如 0.1 ～ 1.5D；以避免扫描响应的饱和效应。

（3）扫描面上细节响应能力的一致性。

（4）扫描面上动态响应范围的均匀性和时间一致性。

此外，还要对扫描仪进行光电转换标定（ISO/IEC TS 29112:2018 标准中称为"Calibration"），即建立其光电转换函数（OECF）关系。ISO/IEC TS 29112:2018 标准附录中给出的方法如下：

首先，使用一个 12 级以上的中灰色阶图，如图 5-6 所示，由不同网点面积率的实地色块输出构成。要求灰级的最小光学密度不大于 0.1，最大光学密度不小于 1.7。

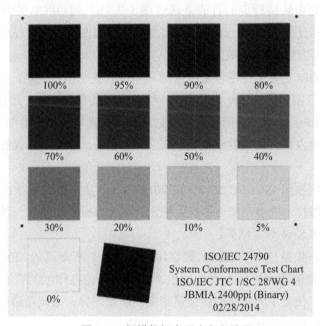

图 5-6 扫描仪标定用中灰色阶图

其次，扫描仪在工作条件下扫描该色阶，提取扫描图像中各灰度级色块的平均响应灰度值，并建立各灰度色块反射系数与此灰度值的 1D_LUT（一维查找表）对应关系，称为光电转换函数（OECF）关系。

如图 5-7 所示为标准所给中灰色阶和扫描仪标定实例。图 5-7（a）为灰色阶的密度与网点面积率的关系，最小、最大密度分别为 0.077 和 1.731。图 5-7（b）为扫描成像的图像灰度值与中灰色阶反射系数的关系曲线，进一步得到反射系数与扫描图像灰度值关系的 1D_LUT。

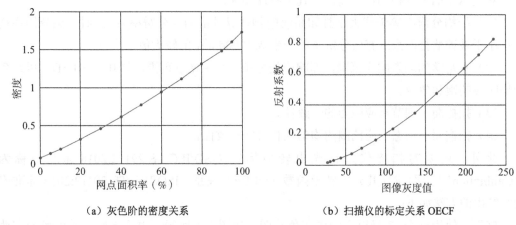

（a）灰色阶的密度关系　　　　　　　（b）扫描仪的标定关系 OECF

图 5-7　扫描仪校准关系

对扫描仪进行光电转换标定的目的是通过图 5-7（b）的 OECF 关系得到扫描图样的反射系数，以便根据反射系数这一印刷图像自身的客观属性量对其进行质量测评，而不是依据随扫描仪性能而变化的图像灰度值。

要求扫描仪的 OECF 关系在图像灰度值的两端没有数字饱和现象；OECF 关系的标准偏差在使用的动态范围内小于 1%（0.015D，对应 0.03 的反射率）。此外，在 1200dpi 分辨率对连续 16 次扫描的光电转换函数进行评估，任一次光电转换函数与 16 次的均值函数误差在整个灰色色阶内最大的反射系数偏差在 ±1% 以内，以对扫描仪提供一个足够稳定的光电转换校准。

如图 5-8 所示为按照 ISO/IEC TS 29112:2018 标准方法，对胶版纸在静电成像技术的数字印刷和激光成像技术的多功能一体机上输出，以及办公打印纸在一款普通喷墨打印机上输出的刃边图像和 SFR 测量结果。

从图 5-8 看到，先是使用胶版纸的数字印刷机输出具有最高的 SFR 曲线，然后是同一胶版纸在静电成像的激光打印机上的输出，而使用办公打印纸的普通喷墨打印输出的 SFR 性能相对最差，代表了各自印刷图像清晰度的质量差异。该测量结果符合对该三个设备和纸张组合认知的质量差异。

从图 5-8 中也同时看到，即便是使用了相同的胶版纸，在前两款成像设备上的 SFR 输出质量也存在差异，表明不只是纸张，色料及成像工艺也是输出图像清晰度质量的影响因素。

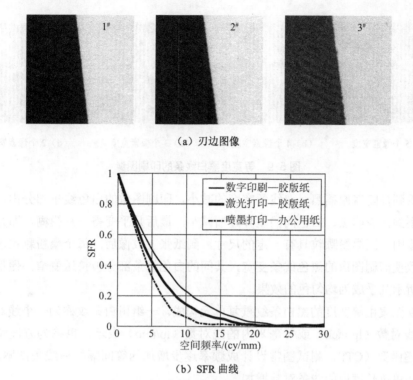

（a）刃边图像

（b）SFR 曲线

图 5-8　印刷图像的空间频率响应曲线

5.3　印刷图像的对比度传递函数

衡量数字印刷机或打印机细节复制能力高低的指标除空间频率响应外，还有对比度传递函数 CTF（Contrast transfer function）。对比度传递函数反映的是数字印刷机或打印机保持数字原稿黑白对比度的能力。

对比度传递函数和空间频率响应从不同的角度描述硬拷贝输出设备的细节复制能力，侧重点分别为代表细节的高频成分和对比度，后者可理解为数字印刷机或打印机保持数字原稿黑白对比度的能力。

5.3.1　对比度传递函数 CTF 的定义

如图 5-9 所示为静电成像打印在办公用纸上的等间距分割的黑白线条，在 600dpi 分辨率参数下黑色线宽（白色线宽亦同）分别设置为 5 个、4 个、3 个和 2 个像素。

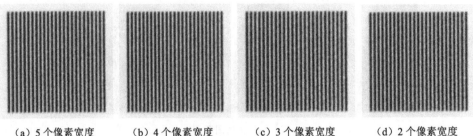

（a）5个像素宽度　　　（b）4个像素宽度　　　（c）3个像素宽度　　　（d）2个像素宽度

图 5-9　等宽度黑白线条的印刷图像

可以看到，随着原稿黑、白线条宽度的减小，印刷图像的白色线条部分由白变灰，直至几乎看不到，表明黑、白色间的差异逐渐减小，最后几乎变得一片模糊，即几乎没有对比。究其原因，因墨粉颗粒具有一定的尺寸，到纸张上成像后，每个墨粉颗粒因挤压而铺展开来，致使印刷图像的黑色线条变宽，其间的白色线条部分被挤压变窄，便形成了如图5-9（d）所示几乎成为均匀色的效果。

图 5-9 图案由等宽度的黑白条纹重复单元构成，一组黑白条纹称为一个线对。常用每英寸内的线对数（lp/inch）或每毫米内的线对数（lp/mm）表示，也称为方波空间频率。对比度传递函数（CTF）测试图常设计成频率逐步增加的等间隔黑白线条图案，"频率逐渐增加"即单位长度内的线条对数增加。

对比度传递函数中的对比度描述黑白线条间的反射系数或密度差异，"传递"一词表示数字原稿黑白线对的对比度经数字印刷机或打印机作用后借助色料形成的线对图像的对比度变换特性，而函数则指对比度的改变与黑白线对频率相关的结果。通常，黑白线对出现的频率越高，由于印刷系统的"滤波"作用，导致印刷图像的对比度就越低。

目前，有多种定义对比度的方法，如下：

$$C = \left(R_{\max} - R_{\min}\right) / \left(R_{\max} + R_{\min}\right) \tag{5-3}$$

$$C_{\text{print}} = \left(R_{\max} - R_{\min}\right) / R_{\max} \tag{5-4}$$

$$C_{\text{edge}} = R_{\max} - R_{\min} \tag{5-5}$$

式（5-3）、（5-4）、（5-5）中的 C［等同于式（5-1）定义的调制度 M］、C_{print} 和 C_{edge} 分别定义为调制能力、印刷对比度和边缘对比度，而 $R_{\max}$ 和 $R_{\min}$ 则分别表示评价区域内线条间和线条本身的平均反射系数。

5.3.2　ISO/IEC TS 29112 标准的 CTF 测量方法（SFR 方波测量法）

在 ISO/IEC TS 29112:2018 标准中，利用如图 5-10 所示的 1_D 重复图案求解印刷图像上明、暗线对反射系数对比度随线条疏密度的变化特性。

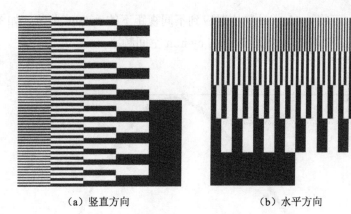

（a）竖直方向　　　　　　　　　　（b）水平方向

图 5-10　CTF 测试的 1_D 方波重复图案

如图 5-10 所示图案的本质是不同空间频率的黑白线对，对应的空间频率为方波空间频率。ISO/IEC TS 29112:2018 标准利用该图案作为空间频率响应函数 SFR 的第二种测量方法——方波测量法；不难理解，空间频率响应也具有对比度传递的含义。

5.4　印刷图像的感知分辨率

上述 ISO/IEC TS 29112:2018 标准为针对办公设备单色打印机分辨率的测试方法，无论其中的物理寻址能力、有效寻址能力，还是刃边法和方波法测量的空间频率响应，所用测试图标有一个共同的特点是图像均由二值构成（分别由实地和基材构成图案信息和背景信息），与办公打印机主要用于文本输出相对应。

虽然 ISO/TS 15311-1 标准采用了 ISO/IEC TS 29112:2018 标准的方法测量印刷系统的寻址能力和 MTF（空间频率响应 SFR），以表征印刷或打印系统图像复制的细节表现能力。但对于层次丰富的图片，印刷图像的信息内容，不仅包含实地色调的空间细节复制特征，还包含其他非实地色调的空间细节复制特征。因此，ISO/TS 15311-1:2020 标准同时给出了反映多阶调对比情况印刷图像的感知分辨率属性指标，并由 ISO/TS 18621-31:2020 标准给出测量方法。

5.4.1　人眼的视觉灵敏度

对印刷图像细节的感知，离不开人眼的感知特性。

正常人眼视觉感知空间细节的能力可以通过调制传递函数来表征，如图 5-11 所示。图中横坐标为空间频率 f，纵坐标为相对对比度灵敏度 S。

感知对比度灵敏度函数的空间频率为每度周期（cy/degree），与观察距离无关，如图 5-11

中 d 情况所标数据。可将 cy/degree 单位对应到不同视距下的 cy/mm 单位，如图 5-11 中 c、d 所示分别为 300mm 和 400mm 视距对应的 cy/mm 空间频率。

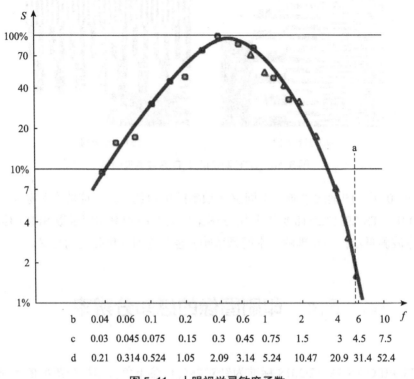

b	0.04	0.06	0.1	0.2	0.4	0.6	1	2	4	6	10	*f*
c	0.03	0.045	0.075	0.15	0.3	0.45	0.75	1.5	3	4.5	7.5	
d	0.21	0.314	0.524	1.05	2.09	3.14	5.24	10.47	20.9	31.4	52.4	

图 5-11　人眼视觉灵敏度函数

b：cy/mm：300mm 视距；c：cy/mm：400mm 视距；d：cy/degree

人眼对细节的感知能力不仅与空间频率相关，还与反差对比程度相关。图 5-12 显示了感知细节能力对空间频率（水平轴）和对比度（垂直轴）的依赖性。设置一条水平线，从图中下部逐渐上移，在观看的过程中，可感觉到（竖直）线条的明暗差异变小，表明随着（由下到上）图像本身线条对比度的逐渐降低，人眼感觉到的差异也在逐渐减小。在高对比度时，人眼可以很好地感知细节，但在低对比度时效果则差一些。

图 5-11 右侧 a 处的虚线表示的是正常人眼视力的极限，公制单位称为 6/6 视力，意味着在 6 米处可以看到与"正常"视力在 6 米处看到的同一程度的细节。这一视觉极限相当于在 300mm 的视距下空间频率约为 6cy/mm，或在 400mm 的视距下约为 4.5cy/mm 的空间频率。且在 300mm 和 400mm 视距的情况，人眼视

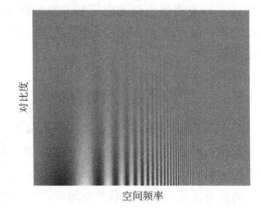

图 5-12　人眼视觉灵敏度的空间频率和对比度依赖性

觉系统对空间细节的感知分辨能力分别在 0.5cy/mm 和 0.4cy/mm 处达到峰值,高低频的敏感度均呈下降趋势。

5.4.2 ISO/TS 18621-31:2020 标准的感知分辨率测量方法

感知分辨率,即感知细节的能力,是衡量整个输出系统能力的一个质量测度。它取决于输出系统的特性(不仅是寻址特性)、基材的特性、视觉条件以及观察者的特性。从形成的印刷图像对象看,感知分辨率主要取决于图像元素之间的色对比(差异),当图像中没有色对比时,便没有可测量的分辨率,也就没有感知的细节了。

影响印刷系统分辨率的三个主要因素是:输出系统能否保持印刷在承印物上邻近元素间所需要的空间分隔(输出系统的可寻址性表明最小空间分隔可达到的程度);输出系统能否传递邻近元素间的色对比;人眼视觉系统能否感知印刷图像的细节。因此,感知分辨率测试图标的设计和测量评估过程必须反映这些因素。

1. 对比度—分辨率测试图标

图 5-11 表明了人眼感知细节能力对空间频率的依赖性,图 5-12 则表明了对比度对人眼这种感知能力的绝对影响,图 5-11 和图 5-12 都显示了峰值视觉灵敏度在中等空间频率的特性。

基于此,ISO/TS 18621-31: 2020 标准采用如图 5-13 所示的感知分辨率测试图标。图中,每个圆环对称图案具有特定的采样(原稿数字)对比度和空间频率;同一行圆环图案单元具有相同的空间频率和不同的明暗圆环对比度,同一列圆环单元则具有相同的明暗圆环对比度和不同的空间频率,且每列圆环的空间频率和每行圆环的对比度数值分别以等对数间隔变化,以模拟人眼视觉的对数反映特性。该图标称为"对比度—分辨率测试图标"。

由于对比度—分辨率测试图标中的明暗圆环径向间的明暗过渡为非正弦变化的规律,而是"方波"变化的规律,所以一对明暗圆环周期对应的空间频率不是严格意义上的周 / 毫米(cy/mm),而是"线对数 / 毫米",记为 lp/mm。

对比度—分辨率测试图标中,圆环对涵盖的空间频率范围为 0.63 ～ 6.23lp/mm,处于 300mm 和 400mm 视距下视觉感知的峰位频率与截至频率之间,环圆对的对比度则涵盖了采样可取的最大数值范围构成的对比,如 100% 的实地与 0% 的基材之间构成的对比度 100,以及约 58.43% 与 57.64% 之间构成的约为 1 的最小对比度。该空间频率和对比度取值涵盖了一个印刷或打印系统感知分辨率的绝大部分空间频率和对比度的贡献。

该测试图标单元圆形对称的形状和对比度、空间频率取值范围非常适合数字印刷质量特征分析。

在很多印刷系统,全部的色调范围须由加网实现,而这种加网过程会严重影响输出的细节再现能力。因此,在使用图 5-13 的对比度—分辨率测试图标评估印刷图像质量时,不仅由图 5-13 中 A 列所示展示了实地色与基材对比构成的完全对比情况,且其他非实地加网的对比情况也得到了充分展示。

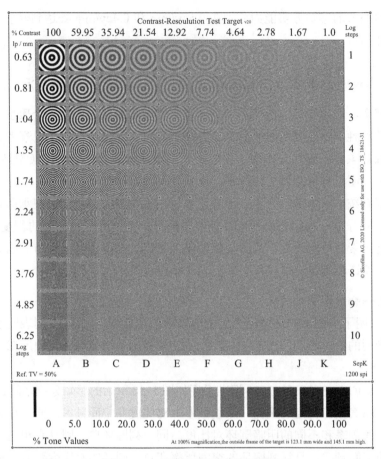

图 5-13 对比度—分辨率测试图标

在印刷和打印输出过程中，成像原稿中细节的空间频率（对应于对比度—分辨率测试图标中的垂直轴信息）、印刷加网的空间频率（加网线数），或打印设备的寻址分辨率，它们相互作用，都对承印物上印刷图像的空间频率特征产生影响。为了减少这些因素对输出图像空间频率特征的不利影响，如图 5-13 所示的对比度—分辨率图标原稿为矢量稿。

对比度—分辨率测试图标首先可用于对印刷图像质量的视觉评估。采用的方法是：对输出的图标样品，从 A 列的顶部开始（最高的对比度）向下移动，找到能够辨认出圆形线的最高空间频率区域——没有线或空间缺失或重叠，云纹干涉的程度不使圆形变得模糊，记录下该区域对应的行号，为该列视觉感知的空间频率阈值。如此，在图标中可由各列空间频率阈值位置构成一个阈值曲线，阈值曲线包围的左上部图标区域面积即可作为印刷图像的视觉分辨率评分。如图 5-14 所示为一对矢量模式的对比度—分辨率测试图标以 133l/inch 加网后在 1200dpi 寻址精度的设备打印输出图样的视觉评估结果，标出了阈值曲线（白线）和其封闭区域（白线以上区域）。

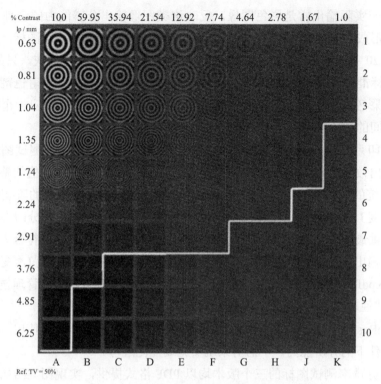

图 5-14　对比度—分辨率测试图样的视觉评估

2. 感知分辨率分值

基于上述对比度—分辨率测试图标，ISO/TS 18621-31:2020 标准提供了一种自动、客观的印刷图像感知分辨率的测量方法。

该方法最初由 Liensberger 开发，提出了视觉分辨率的单一分值评价法，该评分与主观印象具有较好的相关性。Uno 和 Sasahara 提出了这一方法的改进，完善了分辨率评分，成为该国际标准的基础，并进行了测试验证，包括使用这一改进方法对各种打印系统的图样进行了客观测量和主观评价，客观评分与主观感知显示了非常好的相关性。

自动、客观的印刷图像感知分辨率测量方法需借助高分辨率的扫描系统对印品图样数字化，再采用数字图像处理的方法得到感知分辨率评分分值。

该标准方法从原稿的选用与输出，到扫描成像与处理等，各个环节、步骤都给出了详细要求。

（1）图标原稿

印刷或打印输出的图像质量与设备应用方式和工作流程密切相关。

印刷和打印系统以固有的分辨能力实现单一着色剂（油墨、墨粉或墨水）的印刷成像，因此使用单一着色剂印刷输出的感知分辨率评估常用如图 5-13 所示的单色（常是黑色）的测试图标，标准提供的测试图标原稿名称为"ISO_ConRes20_SepK.pdf"。这一图标原稿常用于评估黑色文本输出的感知分辨率。

印刷和打印实际输出常是彩色图像，反映这类图像输出分辨能力的合理表征应使用所有印刷原色形成的对比度—分辨率测试图标，标准提供了相应的测试图标，原稿文件为"ISO_ConRes20_sRGB.pdf"。其中，每个圆环图案仍为非彩色的中性灰，只是由 R=G=B 并按照 sRGB 标准 8 位编码，输出时会由设备控制方式转换为各个减色着色剂的适当配比实现输出的非彩色，而不是像"ISO_ConRes20_SepK.pdf"原稿中仅对应一个着色剂的数量信息。原色间的套印精度对该感知分辨率评估影响显著。

印刷或打印系统输出阶调曲线的非线性化将导致对比度—分辨率测试图标的某些列（对比度）输出效果很好，而其他列则可能受损，从而导致分辨率测量值的整体降低。对印刷和打印系统的线性化是一个补偿阶调曲线非线性的过程，使系统的阶调输出表现为近乎一致的明度 L* 差异。一旦系统实现了线性化输出，可对对比度—分辨率测试图标的对比度数值提供最大可能的输出空间信息，图标图样的对比度变化更加符合人眼的感知特征，更能体现输出系统的分辨能力。因此，标准给出了具有等间隔明度 L* 变化的"ISO_ConRes20_Lab.pdf"图标，其中的中灰色 CIELAB 色度信息，可在色彩管理技术支持下输出与其 L* 值线性对应的色度，达到线性化输出的效果。

"ISO_ConRes20_SepK.pdf"和"ISO_ConRes20_sRGB.pdf"原稿的使用，反映的是输出系统实用条件下的分辨能力，不需对系统实施线性化过程。

对比度—分辨率测试图标的三个版本均以 PDF 格式提供，实现图案结构的底层代码为矢量规范，很大程度上独立于被评估打印系统的可寻址性。

（2）评估意图

设置了六种不同的评估意图，用于评价不同印刷或打印系统工作流程和评价目标的感知分辨率。前四种用于评价正常印刷或打印系统的分辨能力，后两种为用于工程评价的涉及线性化的评估意图。

第一种为特定设备系统的评估。是对单个印刷或打印系统在不同设置条件下输出分辨能力的工程评价，需要使用单一的扫描成像系统测评。该方法仅适用于单个印刷或打印系统不同状态的评估和比较，常用于评估系统稳定性决定的输出一致性。该评估意图可使用前述三种对比度—分辨率测试图标中的任何一种。

第二种为单色固有分辨能力的评估。此时，印刷或打印系统工作流程是提供由"ISO_ConRes20_SepK.pdf"原稿对应一个原色输出的对比度—分辨率测试图标，反映印刷单原色（通常选黑色）的本征分辨能力。这一评估过程避免了任何由于多个着色剂套印不准引起的分辨率的降低，并与文本内容或黑白图形输出的感知分辨能力表征相一致。该评估意图的实际输出过程中，需保证使用了单一原色着色剂。在大多数印刷系统中，这一过程可完全绕过系统的色彩管理系统，并使用印刷特定的单一黑色着色剂。如果信息没有绕过色彩管理系统，则可能会在测试图标的某些区域印刷或打印一些非预期的着色剂。因此，在该评估意图实施中，需注意测试图标印样的图像结构，以核实所有元素都为单一着色剂所印制。

第三种为彩色印刷实际分辨能力的评估。该评估使用"ISO_ConRes20_sRGB.pdf"图标原稿，评估实际的彩色图像输出分辨能力。该测试图标为 sRGB 编码，输出过程中由 RIP 的色彩管理系统将图稿中的 RGB 中性色解释为印刷或打印原色，由印刷或打印原色着色剂的组合形成输出的中性灰色（而不是仅仅使用 K 色着色剂）。因此，该评估结果与任何特定输出操作相关的色彩管理工作流程和再现意图直接相关。为了保证该评估的准确性，需为被评估的印刷或打印系统建立自定义的 ICC 配置文件，并应用于输出的色彩管理流程中。若输出的色彩管理流程中使用了非自定义的 ICC 配置文件，很可能造成输出的测试图样中灰色的色偏，将影响后续感知分辨率分值评价的准确性。

在该评估意图的实施中，同样需注意测试图标印样的图像结构，以核实测试图使用了多种着色剂工艺印制。

第四种为标准化印刷彩色输出分辨能力的评估。标准化印刷如商业印刷、包装印刷等。该评估用于评价印刷系统模拟标准化印刷时的彩色输出分辨能力，而模拟的目的是利用被评估的印刷或打印系统的色彩复制能力，尽可能复制标准化印刷应有的色彩性能。该评估亦使用"ISO_ConRes20_sRGB.pdf"图标原稿。其 sRGB 编码被 RIP 中的色彩管理系统解释为标准印刷的中性灰色作为被模拟的颜色输出，进而由色彩管理流程进一步解释为被评估印刷或打印系统原色着色剂的组合而输出。其中，需用到标准印刷和被评估输出系统的 ICC 配置文件。标准印刷的 ICC 配置文件如商业胶印的"ISOcoated-v2.icc"、新闻印刷的"ISOnewspaper26v4.icc"、凹版印刷的"PSR_papertyp_V2_M1.icc"等。为了准确性，被评估输出系统需建立自定义的 ICC 配置文件。该评估意图的实施中，同样需注意测试图标印样的图像结构，以核实测试图印样使用了多种着色剂工艺印制。

第五种为印刷系统分辨能力的线性化单色评价。输出系统的线性化，最大化了测试图标的信息内容，更能体现输出系统的分辨能力。该评估以印刷单色体现，使用"ISO_ConRes20_SepK.pdf"图标原稿。在印刷或打印系统工作流程中，"ISO_ConRes20_SepK.pdf"图标中信息规范的线性化输出可在多个过程节点上完成。很多印刷或打印系统有一个内置的线性化系统（有时称为校准），可用于线性化输出目标的实现，通常由一个查找表（LUT）完成。如果不使用这个内置的环节保证输出的线性化，也可根据适当的测量过程提供线性化输出结果。在该线性化单色固有分辨率评价中采用的线性化方法是在"ISO_ConRes20_SepK.pdf"图标输出印样中以式（5-6）计量图标的目标明度 L^*_{aim}：

$$L^*_{aim} = L^*_{min} + \left(\left(L^*_{max} - L^*_{min} \right) \times \frac{100 - \%dot}{100} \right) \tag{5-6}$$

式中，L^*_{max} 和 L^*_{min} 分别为"ISO_ConRes20_SepK.pdf"图标印样中 0%（基材）和 100%（最大着色剂）色块的明度测量值，%dot 则为图标上 0% 与 100% 之间的任意网点值。式（5-6）的应用，将图标印样上的测量明度转换为了与图标原稿信息线性化对应的目标明度值。针对该目标明度信息实施的感知分辨率的评估表征了单一着色剂在线性化印刷或打印系统的终极分辨率。线性化不代表印刷或打印系统的正常操作过程，此处的线性化应用仅为输出系统一方面分辨能力的评估而已。

第六种为印刷系统线性化过程的彩色分辨能力评估。与第五种评估意图使用了线性化过程的非正常输出阶调性能不同，这里使用 CIELAB 编码的"ISO_ConRes20_Lab.pdf"图标原稿，通过输出图样的测量 L* 值与原稿 L* 值间自然的线性化对应关系，用来实现等效线性化条件下彩色输出的分辨能力评价。"ISO_ConRes20_Lab.pdf"图中中性灰色的 L* 信息经输出的色彩管理系统作用，解释为印刷或打印原色着色剂的组合信息，实现与原稿 L* 值线性对应的中性灰输出，其中的色彩管理流程要求使用相对色度再现意图，被评估的设备需建立自定义的 ICC 配置文件。

（3）印制输出和扫描成像

根据评估意图选择相应的测试图标印刷或打印输出。输出应确保没有应用几何缩放和任何空间增强措施（锐化等），且输出系统应按与评估意图相符合的方式进行配置。

使用高分辨率的平板扫描系统对印制输出的测试图样扫描成像。成像时要确保扫描系统能准确地捕获图样的高分辨率光度信息，确保图样与扫描面板对齐放置，扫描控制参数需关闭任何空间滤波和色彩校正功能。

由于打印和扫描系统噪声的存在，评价采用多个打印样本的统计结果，以能更好地反映真正的分辨率性能。

该感知分辨率测量方法使用扫描仪为分析测量装置，替代人眼来评估。但只有扫描仪的能力足够高，且扫描仪的控制程序配置为提供原始图像，测试才能准确评估印刷图像的分辨率特性。

类似于 5.2.2 节中第 2 项内容（ISO/IEC TS 29112:2018 标准的 SFR 倾斜刃边测量法）中对测试用扫描仪的要求，ISO/TS 18621-31:2020 标准对使用的扫描仪及其控制方法的要求同样包括：传感器阵列的内插效应、阶调特性或光电转换函数（OECF）特性、扫描均匀性和时间稳定性、MTF 特性和可用寻址能力，以及扫描仪的校准及精准提供 CIELAB 中 L* 值测量的能力等。有所不同的是，这里扫描仪的光电转换函数（OECF）不再是扫描图像数值与输出图样反射系数间的对应关系，而是扫描图像数值与输出图样的 L* 值的对应关系，且要求校准的误差小于 1 个 CIELAB-L* 单位。此外，此处明确给出了对扫描仪细节捕获能力的要求，要求按照 ISO 16067-1 摄影规定方法评估扫描仪的 MTF 特性，并保证其空间频率为 12cy/mm 时的调制传递值为 0.2 以上。

在扫描实施的过程中，还要求扫描仪视场足够大，图样需放置于扫描面板中央三分之一面积处，以避免扫描仪 MTF 特性可能发生的重大变化。

此外，扫描采样分辨率至少为 1200dpi，为了比较不同扫描系统的测量结果，所使用的扫描仪在可寻址性、光照、阶调范围、空间响应和光谱响应等方面均要具有相似的特性。

（4）扫描图像的转换

测试图样的感知分辨率分值计算基于图样本身的 CIELAB 的 L* 信息。因此，针对扫描获得的印刷检测图样的数字图像，需利用扫描仪的标定关系（光电转换函数——OECF），将数字图像的 RGB 数字值转换为 L* 明度值。

根据选用的测试图标原稿的不同，需使用不同的光电转换函数（OECF）。对于使用单一着色剂的"ISO_ConRes20_SepK.pdf"图标评估应用，应使用单一扫描通道信息（如绿色通道 G 值）的标定关系，即此时的光电转换函数（OECF）为校准色阶的扫描 G 值与其输出图样的 L* 明度值之间的函数关系，类似于图 5-7（b）的一维关系，只是横、纵坐标分别为 G 值和 L* 值。对于使用彩色工艺的"ISO_ConRes20_sRGB.pdf"图标评估应用，需根据色度法形成校正后的 L*a*b* 图像来获得 L* 信息供分辨率评分使用。通常，由扫描图像 RGB 对应 L*a*b* 值的转换需采用色彩管理技术，由扫描仪的 ICC 配置文件将 RGB 扫描图像转换为 L*a*b* 图像。扫描仪 ICC 配置文件的制作可采用标准的摄影染料制作的色标（如柯达 Q-60），或印刷输出 IT8.7/4 色标。IT8.7/4 色标真正反映了印刷彩色工艺，以及印刷系统的 UCR/GCR 特性，能避免使用摄影的三色染料色标对四色印刷色彩扫描的同色异谱现象，测试图标印刷图样扫描转换的 L*a*b* 值更加准确。

（5）感知分辨率分值计算

与 PDF 格式的三个版本对比度—分辨率测试图标原稿一起提供的还有一个位图参考图像"ISO_ConRes20_Reference_1200.tif"，代表一台 1200dpi 记录精度的完美印刷或打印机的输出，由一台 1200dpi 分辨率的完美扫描仪扫描的图标数字图像，用于与 1200dpi 扫描的真实印样进行比较。此参考位图图像用于分析任何版本的对比度—分辨率测试图标。

针对扫描并转换为 L* 信息的测试图标数字图像，分析、计算得到感知分辨率分值的过程如下：

（a）单元识别。对于 1200dpi 扫描的图标印样图像，需确定每一个圆环单元的确切位置，以便将每个单元与参考位图图像中的相应单元进行比较。圆环单元位置及其感兴趣区域（ROI）的提取基于测试图中提供的相同的基准标记（每个圆环单元四周顶点处的圆点），这一单元位置的确定与对应参考位图图像中相应单元位置的重大误差将降低分析结果的准确度。

（b）空间滤波。为了模拟人眼视觉系统在 40cm 标准视距下的空间响应特性，对扫描的图标位图图像进行适当尺度的高斯空间滤波，使图像稍微模糊，并消除了印刷或打印系统可能呈现的结构，其在这个标准视距下人眼是看不到的。针对位图参考图像"ISO_ConRes20_Reference_1200.tif"实施同样的高斯滤波。

（c）归一化 2-D 互相关计算。针对空间滤波及对准后的图标印样扫描图像单元和相应的参考位图图像单元，进行两者间归一化二维互相关的计算，以度量两者间的相似度。互相关计算利用了一定范围的水平和垂直像素偏移值，足以容纳扫描图像单元和相应的参考图像单元之间的对准误差。

计算结果的互相关系数矩阵中，峰值的位置定义了扫描图像单元与参考单元对准应该使用的水平和垂直像素偏移量。同时，这个峰值的大小也反映了两个比较单元间的相似性。参考单元代表的是完美打印、完美扫描的图像，因而与之比较的相似性也作为被测单元的一个自有质量表征。

互相关计算的公式为

$$C(\alpha,\beta) = \frac{\sum_{x,y}\big[f(h,v)-\bar{f}\big]\big[g(h-\alpha,v-\beta)-\bar{g}\big]}{\sqrt{\sum_{x,y}\big[f(h,v)-\bar{f}\big]^2 \sum_{x,y}\big[g(h-\alpha,v-\beta)-\bar{g}\big]^2}} \tag{5-7}$$

式中，α和β分别是扫描单元图像的水平和垂直偏移量，单位为整数像素；h和v分别参考单元图像的水平和垂直偏移量，单位为整数像素；$g(h,v)$和$f(h,v)$分别是扫描单元图像和参考单元图像；$\bar{g}$和$\bar{f}$分别是扫描单元图像和参考单元图像的平均值。求和中的x、y为对图像单元的全部像素求和。

（d）感知分辨率分值计算。由式（5-8）计算印刷或打印图标图样的感知分辨率分值：

$$R\text{score} = \sum_{i,j}\big[C_{peak}(i,j)\big]^2 \tag{5-8}$$

式中，i、j为测试图像中圆环单元的行、列编号，$C_{peak}(i,j)$为第i、j个图样单元与对应参考单元互相关系数的峰值，简记为C_p，Rscore即为感知分辨率分值。

如上感知分辨率分值的计算过程也可针对未经空间滤波的测试图标扫描图样进行，则结果对应未计入人眼视觉空间响应特性的设备系统输出分辨能力。

5.4.3　感知分辨率的测量

ISO/TS 18621-31: 2020 标准给出了一个 40cm 标准视距对应的感知分辨率测量实例。得到的感知分辨率分值为 60.41。其中，每行圆环单元的峰值互相关系数 C_p（代表测试图像单元与参考图像单元的相似度）随对比度的变化规律，以及每列圆环单元的峰值互相关系数随空间频率的变化规律，分别如图 5-15（a）和图 5-15（b）所示。

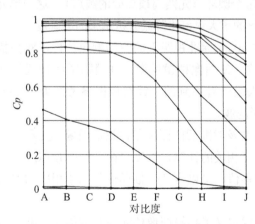

（a）圆环单元的峰值互相关系数与原稿对比度的
关系（所有行）

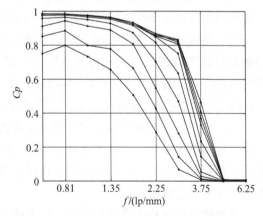

（b）圆环单元的峰值互相关系数与空间频率的
关系（所有列）

图 5-15　对比度—分辨率测试图标的峰值互相关系数 C_p 变化关系

使用一款数字印刷（静电成像技术）、一款激光打印、两款喷墨打印及不同基材组合的四个样品实践了感知分辨率测试。其中，数字印刷和激光打印输出均使用了具有涂层的胶版纸，喷墨打印 1 使用了普通喷墨打印纸，而喷墨打印 2 使用了普通的办公打印纸。测得该四个样品的感知分辨率分值 Rscore 分别是 61.96、58.46、44.38 和 27.95，表明使用胶版纸输出的数字印刷输出总体感知清晰度最高，而使用普通办公打印纸一般喷墨打印输出的感知清晰度相对最低（该组合并非实用，仅为测试比较而为）。

感知分辨率分值由测试图标中 100 个圆环单元的峰值互相关系数 C_p 值决定。图 5-16（a）和图 5-16（b）分别为四个测试样品的第 A 列（图标原稿数字对比度为 100）和第 G 列（图标原稿数字对比度为 4.64）样品的峰值互相关系数 C_p 随空间频率的变化关系（空间频率 f 以对数坐标表示）。

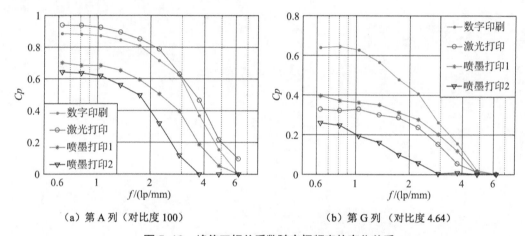

（a）第 A 列（对比度 100）　　　　（b）第 G 列（对比度 4.64）

图 5-16　峰值互相关系数随空间频率的变化关系

通过对比看到，在如图 5-16（a）所示对比度为 100 的情况下，激光打印样品的 C_p 值整体最高，其次是数字印刷样品，最低的是喷墨打印 2 的样品。但对于图 5-16（b）所示，当对比度降到 4.64 时，数字印刷样品的 C_p 值却超过了激光打印样品，成为四者中的最高，激光打印输出样品则由最高降至第三，四个样品 C_p 值的优劣关系已完全不同于对比度为 100 时的情况。这一结果表明，对原稿图像不同的阶调对比情况，不同的输出系统具有不同的清晰度特征。

测试原稿图像中的第 A 列单元，具有相同的对比度 100，等同于图 5-10（a）和图 5-10（b）所示的 1_D 重复图案，只是没有方向性。因此，由 A 列单元得到的峰值互相关系数 C_p 与空间频率 f 的关系，在物理含义上等同于 ISO/IEC TS 29112 标准的对比度传递函数 CTF（SFR 的方波测量法），但后者没有计入人眼的视觉响应特性。

ISO/IEC TS 29112: 2018 为针对单色打印机分辨率所用方法的标准，自然针对的输出图像是实地线条构成的文字，其空间频率响应 SFR 的倾斜刃边法和方波测量法均与数字对比度为 100 的情况相符合。但对于彩色印刷或打印而言，层次丰富的图像更受到关注，从如图 5-16（a）和图 5-16（b）所示结果对比看到，图 5-13 的对比度—分辨率测试图标具有丰富的对比度信息，与单一的 100 对比度情况相比能够全面反映输出图像的空间细节表征能力，更适于彩色印刷和打印输出的分辨率质量评价。

第6章 数字印刷图像的质量测量技术

传统印刷质量检测与评价以平版印刷较为典型。涉及印刷质量的检测项目包括套印误差、实地印刷密度、最小网点和网点增大值控制、印面外观等。其中，套印误差的检测须借助放大镜估计读数，印面外观则只能定性描述，均无法给出严格的定量数值。因此，传统印刷质量指标的评价很难实现量化。

数字成像及图像分析技术进入印刷质量测评领域后，可定量检测和分析的项目大大增多，原来无法定量测量的项目都变得切实可行，某些必须客观测量的质量指标也已从定性描述变为定量检测。

从前面章节内容可以知道，许多印刷图像质量属性的测量使用传统的光度和色度仪器不再能够满足要求。诸如点、线、面及分辨率属性等，都须依靠印刷图像的数字化后及图像处理技术，方能实现质量属性测度的求解。

6.1 测试图

印刷图像质量属性的测量，实质上是数字图像的数据处理过程，但只有数据处理的技术方法还不行，还须有测试图的配合才能完成对各种质量属性指标的测量，即首先需要设计能够表现某种质量属性特征的测试图。

测试图除服务于测量目标外，也决定于图像质量检测和评价系统的能力，超出检测和评价系统能力的测试图也是不实用的。

6.1.1　标准测试图

视觉产品的特殊性决定了印刷页面内容的复杂性和多样性，也决定了印刷构成单元的复杂性和多样性，以及图像单元尺寸和形状的不规则性，因此测试图便成为印刷质量检测和评价的基础。

测试图的形式和内容取决于测量项目。由前面章节可知，质量测评相关国际标准中有些测试项目需要使用配置的标准测试图。如图 2-9 和图 2-13 所示 ISO/TS 18621-11 标准所给输出设备色域边界数据色标和 IT8.7/4 CMYK 集色标、图 5-5 和图 5-10 所示 ISO/IEC TS 29112 标准中 SFR 测试的刃边图和方波图，以及图 5-13 所示 ISO/TS 18621-31: 2020 标准中对比度—分辨率测试图标等，测试方法与测试图紧密关联，不可区分开来。再如，某些标准测试图用于设备性能整体评价，以国际标准化组织 TC 130 技术委员会定义的 CMYK/SCID 主观测试图最为典型，于 1997 年 5 月形成了 ISO 12640 标准文本。该标准测试图集合由 8 幅非彩色图像和 10 幅人工合成图像组成，包括 5 种用于确定分辨率的测试图和 5 种彩色测试图，已在印刷领域得到普遍应用。

除上述标准测试图外，还需要有其他类型的测试图，如购买印刷设备前期的初步性能测试图，以及用于数字相机和平板扫描仪的空间频率响应、捕获图像数据的空间均匀性、光电转换函数、动态范围和几何畸变分析用测试图等。第 5 章中图 5-6 的灰色阶即为建立平板扫描仪光电转换函数使用的测试图。

6.1.2　自定义测试图

标准测试图不能解决所有的问题，许多场合需要自定义测试图，范围波及标准测试图无法覆盖的印刷系统或其他质量测评领域。另外，每一种标准测试图往往设计得极具针对性，适应范围不免狭窄。比如，ISO 12233 标准测试图，虽然包含众多的基本测量单元，但只能测量数字成像系统的空间频率响应，不仅用途狭窄，且价格昂贵。

通常，自定义测试图的设计可以借鉴标准测试图内容，简化或扩充测试图内容，有效针对测试目标。此外，若某些测试项目过于特殊，以至于根本无法借鉴标准测试图的结构单元，只能按测量目标自行设计。例如，为了测量数字印刷机或打印机以线条质量体现不同字号文本表现的能力，需考察不同设计宽度的线条质量属性。因此，设计以数字印刷机或打印机在记录精度条件输出的图样进行测试，且同时设计包含不同像素宽度的线条，如图 6-1 所示。图中描述线宽的数字表示测试原稿图像中线宽的像素数，图像的分辨率与数字印刷机或打印机的输出分辨率相一致。图 6-1 中同时设计了暗色背景上相同宽度的明亮线条，以同时考察由"露白"方式形成明线条的表现能力。许多高档包装印刷品常出现这种暗色背景上的明色文字。

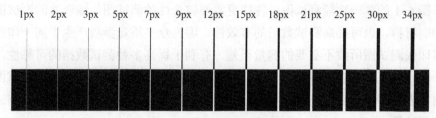

图 6-1 线条质量属性测试

当以设备的记录分辨率输出时，一个像素的线宽是输出设备可表征的最精细线条，能较好地复制一个像素宽度的线条是设备复制细节能力的体现，也可反映设备输出小字号文字的能力。如图 6-2 所示，为该测试图在一个高分辨率喷墨印刷设备输出的线宽和线条反射系数测试结果。

从图 6-2（a）中可看出，暗线条的印刷宽度都会较设计宽度有所增加，这是由于墨滴在基材上的铺展所致。特别地，在单像素线条对应的二十多个微米的设计宽度下，印品的线宽较其他较大设计宽度印品的宽度增量更大。不难理解，这是因为单像素线宽对应单墨滴形成印刷图像时，线条横截方向上没有墨滴的重叠现象，墨滴铺展所带来的面积增量比相对更高。设计细小线宽线条的原因如 3.3.1 节中所述，用于表征小字号文本的复制能力。

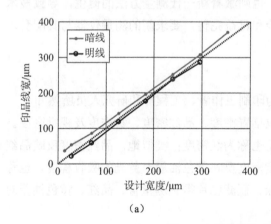

（a）

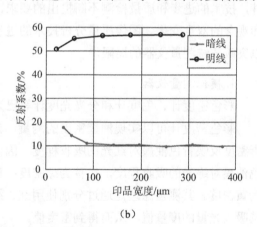

（b）

图 6-2 印品线条宽度和对应的反射系数

与之相反，在暗背景上由基材颜色构成的明线条宽度却均小于设计宽度，这同样是因为构成其背景的墨水铺展侵蚀了基材空间所致。因为大面积墨色背景的侵蚀程度与留白的明线条宽度关系不大，所以没有表现出某些宽度的线条宽度明显降低的规律。

同时，图 6-2（b）的反射系数变化结果表明，细小的线条，无论是暗线条还是明线条，都会随着线宽的减小而出现应有暗度或亮度的衰减，即暗线条的暗度不够和明线条的明度不足，其结果是降低了小字号文本与背景的对比度和易读性。

这个例子表明，为了充分地表征各种用途线条的印刷复制质量，需要根据测试目的的要求，设计有针对性的测试图。

除了图 6-1 的单一功能测试图，往往更需要综合性的测试图。综合性的测试图不仅可以节省印刷材料，也可提高测试数据的有效性。因为众多质量参数产生于同一印张，有助于降低多印张测试图所致不必要的测量误差，有利于提高多种测试数据的可靠性。例如，假定同一印张测试图包含阶调响应单元、颗粒度和斑点测量单元，则由于该测试图同时输出，基材的表面特性和着色剂完全相同，输出条件也没有差异，则测量的阶调响应和噪声结果可相互验证。

打印机设备开发商常有自己的测试图。一般含有青、品红、黄、红、绿、蓝和黑 7 色色阶色块，以获得主要颜色的阶调特性，水平和垂直两个方向重复放置的青、品红、黄、黑四色各自 1 ～ 5 个像素宽度的明、暗线条，青、品红、黄、黑四色各自 1 ～ 4 个像素宽度的正方形，也有用于视觉观察的各种字号明、暗文本等，以能够突出表征其设备的输出复制质量。

6.1.3　测量仪器

如果说测试图是印刷图像客观质量和主观质量评价实验的软基础，那么测量仪器就是客观质量检测的物质基础。由此，开发、设计和制造了大量与测试目的相适应的仪器。另外，技术的进步和质量检测不断提出的要求，也刺激着新一代测量方法的诞生，导致技术和观念的双重变化。图像质量分析技术的进步和日益完善，要求新的测量仪器与其配套，以突破传统测量仪器的局限。

1. 模拟测量仪器

彩色密度计、色度计和分光光度计等已为印刷工作者、工程师和研究人员所熟知。

彩色密度计可以实现油墨密度的测量，包括青密度、品红密度、黄密度及视觉密度。青密度反映青色油墨对红光的吸收程度，因而也称为红密度；类似地，品红密度反映品红色油墨对绿光的吸收程度，也称为绿密度；黄密度反映黄色油墨对蓝光的吸收程度，也称为黄密度。其测量原理是通过分别使用红、绿、蓝滤色片得到测量青、品红、黄色油墨对其吸收光量的度量值，从而得到密度值。

色度计能够测量平面色的 CIE 色度值，其测试原理与密度计类似，只是所用的红、绿、蓝滤色片透光性能不同于密度计。这种测色仪器只能针对一种标准照明体测量，即得到的是仪器设计对应照明体下的颜色值。也就是说，若仪器设计的是测量 D65 照明体下的 CIE 色度值，则得不到其他照明体的色度值。

目前，分光光度计在印刷、广告、摄影等行业应用最为广泛。它不仅能够一次测量就给出各种照明体对应的 CIE 色度值，也能同时给出各种密度值，因而得到市场青睐。与密度计的测量原理不同，分光光度计不使用红、绿、蓝光度量着色剂对光的吸收，而是通过分光装置得到单色光，以可见光内不同的单色光来体现着色剂对光的吸收（用光的反射系数表征），进而通过公式计算出各种标准照明体下的 CIE 色度值，以及各种状态的密度，一次测量，同时完成。

2. 数字测量仪器

模拟测量仪器尽管已得到广泛应用，但它们的一个显著特点限制了其在基于微米量级线度所在区域光度测量的印刷图像质量检测应用。比如，一般分光光度计的测光孔径最小也在 3mm 左右，所得到的光度、色度量都是直径 3mm 圆内的平均值，而这对于前述 ISO/ IEC TS 24790、ISO/TS 18621-31: 2020 等标准中定义的线、面、感知分辨率等质量属性，至少对应 1200dpi 分辨率之像素大小（约 $21.2\mu m$）上的信息要求是完全不相符合的。

近些年，数字成像技术发展迅速，其应用也遍地开花。以数字成像设备测量印刷质量客观属性量成为可能，且成本也较传统的模拟测量仪器低得多。

对印刷和打印行业来说，数字成像设备恰恰也是主要的生产工具之一，使用和操作方面不存在任何困难。例如，印前的原稿数字化过程，就是利用扫描仪完成数字成像的。因此，以数字成像设备作为质量检测仪器使用时，以往积累的图像输入经验可直接利用。此外，由于许多学者投身于图像质量分析技术研究，导致测量和分析方法迅速发展和进步，若纯粹从图像质量分析的技术角度和可测量的质量测度种类考虑，质量属性的分析和计算成本相当低。

众所周知，能够将印刷品图像数字化的数字成像设备核心部件是 CCD（Charge coupled device）器件。它是一种特殊半导体器件，上面有很多一样的感光元件，每个感光元件对应成像的一个像素。CCD 在数字成像设备里是个极其重要的部件，起到将光线转换成电信号的作用，类似于人的眼睛，因此其性能的好坏直接影响到成像设备的性能。

衡量 CCD 好坏的指标很多，有 CCD 尺寸、像素数量、灵敏度、信噪比等，其中 CCD 尺寸和像素数是重要的指标。像素数是指 CCD 上感光元件的数量。成像拍摄的画面可以理解为由很多个小的点组成，每个点就是一个像素。显然，像素数越多，画面就会越清晰。如果 CCD 没有足够的像素，拍摄出来画面的清晰度就会大受影响，因此理论上 CCD 的像素数量应该越多越好，但 CCD 像素数的增加会使制造成本上升和成品率下降。

除了 CCD，数字成像设备里起到将光线转换成电信号作用的核心部件还有 CMOS（Complementary metal-Oxide semiconductor）。CMOS 的制造技术和一般计算机芯片没什么差别，其主要是利用硅和锗这两种元素所做成的半导体，使其在 CMOS 上共存着带 N(带 – 电) 和 P(带 + 电) 级的半导体，这两个互补效应所产生的电流即可被处理芯片记录和解读成影像。然而，CMOS 的缺点是容易出现杂点，主要是因为早期的设计使 CMOS 在处理快速变化的影像时，因电流变化过于频繁而会产生过热的现象。

CCD 的优势在于成像质量好，但由于制造工艺复杂，只有少数的厂商能够掌握，导致制造成本居高不下，特别是大型 CCD，价格非常高昂。在相同的分辨率下，CMOS 的价格比 CCD 便宜，但 CMOS 器件产生的图像质量相比 CCD 来说要低一些。无疑，能够作为印刷图像质量属性测量使用的数字成像设备以 CCD 为优。

在数字印刷图像质量测评应用中，常用的数字成像设备有扫描仪和数字相机。第 4 章介绍 ISO/ IEC TS 24790 标准中面质量属性和空间频率响应 SFR 的测量，以及第 5 章介绍

ISO/TS 18621-31: 2020 标准中感知分辨率的测量，即均选用扫描仪作为印刷图像的数字成像设备。

从分辨能力的角度看，一般的扫描仪和数字相机都能符合数字印刷品图像质量测评的要求，但价格昂贵的高质量单色或彩色的数字相机作为印刷图像质量测评的工具则更具优势，因其在空间频率响应、信噪比等方面较一般的数字成像设备性能更好。

利用数字成像设备，测试图印刷样张转换成了 RGB 数字图像。但 RGB 数字并不能作为印刷图像客观质量指标求解的直接数据，因为这组数值的大小不仅与印刷图像的色度有关，还与成像时的光照和数字成像设备的光响应性能相关，是与成像设备相关联的数值。因此，如第 4 章 SFR 和第 5 章感知分辨率质量的测评过程，需首先将数字图像的 RGB 值转换为质量属性指标需要的印刷图像自身的光度量。

6.2 印刷图像质量属性测量系统

基于数字成像技术的印刷图像质量测量需成像设备，也需要求解质量测度的分析软件，软硬件集成的印刷图像质量测量与分析系统为市场所需求，也是系统开发的主流。

6.2.1 系统构成

在印刷图像质量测量与分析系统中，负责印刷图像数字化的设备主要有扫描仪和数字相机。

因价格便宜和容易使用，约在 2000 年就有人尝试利用平板扫描仪测量印刷图像不同微观区域的密度变化，通过密度分布来研究不同类型的印刷质量缺陷，从而构建了基于平板扫描仪的图像质量分析系统。有经验表明，这种测量方法可靠性高，能够适合多种数字印刷品质量属性量的测量。此外，扫描仪还有特有的优势是自带光源且不受环境光干扰，因而成像质量更加稳定。基于平板扫描仪成像的印刷图像质量测评系统在不少领域得到应用。

印刷图像质量测评中，有对成像分辨率更高要求的项目，如要求高分辨率复制输出的印品，其质量属性中细微线条的质量测度若用 $21.2\mu m$ 的像素（对应 1200dpi）单元成像远远不够，因此也需要高分辨率的数字成像测量装置，以带有显微镜头的工业数字相机代替平板扫描仪。

如图 6-3 所示为具有显微镜头和数字相机的测量系统构成，可分为硬件和软件两大部分。硬件包括显微放大光学系统、CCD 彩色成像器件和计算机；软件含有图像的采集、运动控制功能及微观质量测度的计算和分析功能模块。

其中，显微镜成像端接 CCD 成像器件，CCD 成像器件与计算机相连，由计算机控制成像，显微镜物方端固定有环形照明光源，照射下方有可 x、y 方向移动的置物平台。被检测平面物体放置在置物台上，显微成像后由 CCD 器件完成数字图像，计算机软件对图像进行分析，实现检测。

照明光源的选择须考虑对彩色印刷图像的色彩表现能力，理论上应对所有的印刷颜色都有较好的辨识能力，即对色温和显色性有确定的要求，一般选用 D65 或 D50 色温。若主要是测量青、品红、黄单色和中灰色组成的印刷图像，也可选用 LED 白光。

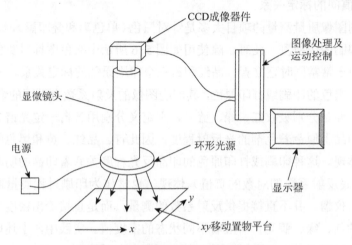

图 6-3　印刷图像质量测量的系统构成

一般选用的显微镜均具有放大倍率和焦距调节功能，总的放大倍率由物镜和目镜放大倍率的乘积决定。可形成的图像分辨率在几千甚至上万 dpi，对应的图像像素尺度可达几个微米，甚至不足 1 微米。

借助平板扫描仪，以及带有显微镜头的数字相机测量系统的客观性，加之数字相机可改变测量分辨率的能力，就能够依据不同的尺度要求对印刷图像的质量属性进行测量和表征。

6.2.2　测量系统的光度标定

如上所述，扫描仪和带显微镜头的数字相机是印刷图像质量测量系统的硬件部分，是目前普遍使用的数字成像设备。这两种成像设备形成的彩色数字图像像素信息均为 RGB 数值，而非印刷图像自身特性的光度量。因此，为了能够反映印刷图像自身的光度特性，需将数字图像中的 RGB 值变换为所需要的印刷图像客观光度量值，找到两者间的变换关系，即对测量系统的光度标定，也即第 4 章、第 5 章中用到的成像系统的光电转换函数——OECF。

第 3 章所述 ISO/IEC TS 24790: 2012 标准对印刷线条质量的测度测量基于反射系数数值；第 4 章所述同样是 ISO/IEC TS 24790: 2012 标准的面属性质量测度中大面积暗度和空洞，以及背景暗度和无关痕迹等均基于密度、颗粒度和斑点基于 CIEXYZ 色度中的亮度 Y、条带测度则基于 CIELAB 色度中的明度 L*，ISO/TS 18621-21: 2020 标准中的宏观均匀性测度又基于 CIELAB 色度形成的色差；第 5 章所述 ISO/IEC TS 29112:2018 标准对印刷图像空间频率响应 SFR 的测量基于反射系数，而 ISO/TS 18621-31:2020 标准对印刷图像感知分辨率的测量则基于 CIELAB 色度中的明度 L* 值或 L*a*b*。

通过以上内容可以看出，不同的印刷图像质量测度，因其物理含义的不同，各自需要印刷图像不同的本征光度或色度量。因此，须根据需要，建立不同光度或色度量与印品数字成像 RGB 数值间的标定关系。

目前对印刷图像质量测量的项目大多是针对黑色（单色黑和叠印黑），或增加青、品红、黄印刷原色的印刷图像检测，此时，除使用如图 5-6 所示中灰色图标对灰色扫描成像进行标定外，实践中还常常同时建立青、品红和黄三个印刷原色的标定关系。

对于包含单黑色的印刷或打印原色，其印刷图像的反射系数有不同的含义。因为青色、品红色、黄色主要是分别吸收红、绿、蓝光，则定义分别用各自一定光谱分布的红、绿和蓝光来表征其印品上原色着色剂的光反射程度，因此青、品红、黄和黑色的反射系数分别由不同的色光体现。这种印刷或打印原色的印品反光程度关联着印品的明暗，通常，用密度值（以 10 为底反射系数的对数的负值）体现，也常作为印刷过程质量监控的度量值。目前的色度测量仪器，并不直接提供反射系数的测量，而是直接给出密度值，且分别对应多种光谱分布的红、绿、蓝光，对应着不同状态的密度值。实践中，上述印刷图像质量检测扫描成像的"反射系数"标定，即通过密度测量来实现的。

建立成像图像的 RGB 值与印刷原色的反射系数，以及 CIEXYZ 亮度 Y 和 CIELAB 明度 L* 值间标定关系的一般步骤如下：

（1）制作印刷原色色阶图标

如同图 5-6 中不同印刷网点原稿印刷形成的中灰色色阶，其他印刷原色也同样依不同的网点值形成明暗逐渐变化的色阶。如图 6-4 所示，为一常用于扫描仪反射系数标定用各含 15 级的四色色阶图标，每个色块的边长在 5 ～ 8mm。

图 6-4　扫描仪用印刷原色标定色阶图标

该图标原稿文件的制作方法是，选择网点面积率在 0% ～ 100% 逐级变化的数个数值，分别形成一定大小的平网色块，并形成图像文件。

对于显微成像的全自动检测系统，标定过程常设计程序控制下检测镜头的自动移动和采样完成，因此需要标定色标图样上具有定位标记，以能够建立正确的坐标来定位图标中的每一级色块。如图 6-5 所示，在色阶图标长方形平面的四个定点位置，都放置了一个黑色圆点，通过圆心的识别来建立色块定位用坐标系。

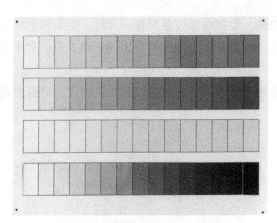

图 6-5　带有坐标标记的标定色标

（2）色标的输出和测量

色阶原稿需在待评价印刷或打印系统上印制输出，形成硬拷贝的色阶色标图样。

色标图样中各色块的测量需符合检测项目要求的测量条件。

密度测量需选择状态，有 T 状态、M 状态、A 状态等，每种状态对应的密度值均有所差异，需根据不同行业标准合理选择。我国传统印刷业国家标准规定要选用 T 状态密度。

色度测量需选择光源、视角、测量光路的几何条件、测量条件等，如 D50 光源、2º 视角、0º/45º 光路、M1 条件等。

（3）色标响应 RGB 值的获取

在与印刷图像质量检测相同的成像条件下对图标图样进行数字成像。

由于数字相机成像不可避免的噪声，以及印刷匀色输出的非理想均匀性（如前所述的颗粒、色斑等），色标图样的数字图像中每个色块区域的 RGB 响应值并不完全相同，因此须以其内部区域的平均值表征。如图 6-6 所示，每个色块中的白色区域为求取 RGB 均值的区域。

图 6-6　色标图像的 RGB 值提取

在使用如图 6-5 所示色标自动标定的情况，通过置样平台或成像镜头的受控运动自动采集每个色块中部一定区域面元内成像信号的平均值作为该色块的 RGB 响应值。

（4）标定关系的建立

对于只针对印刷原色进行标定的情况，青、品红、黄色阶数字图像中分别对应 R、G、B 有较大的变化，因而分别选择 R、G、B 响应值代表成像设备对青、品红、黄印刷图样反射系数的表征值。如此，数字成像设备对青、品红、黄原色的标定关系则成为各自的反射系数值（实测密度值）与各自一个响应值对应的一维关系。对中灰色色标的情况，有相近的 R、G、B 响应值，选其一即可。

青、品红、黄、黑四个原色各自的反射系数与其密度的对应关系为

$$\rho_c = 10^{-D_c}$$

$$\rho_m = 10^{-D_m}$$

$$\rho_y = 10^{-D_y} \quad (6\text{-}1)$$

$$\rho_v = 10^{-D_v}$$

式中，ρ_c、ρ_m、ρ_y、ρ_v 分别为青、品红、黄、黑原色的反射系数，D_c、D_m、D_y、D_v 分别为对应的密度测量值。

如图 6-7 和图 6-8 所示，分别为一平板扫描仪和一显微成像工业数字相机印品质量检测系统的反射系数标定关系。其中，黑色色阶的数字成像值选择了 G。图中的圆点为色阶图标的测量值。

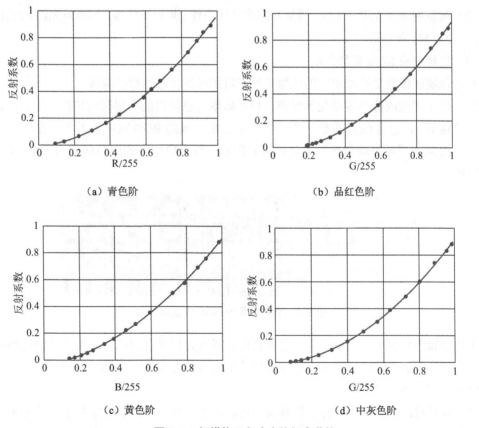

（a）青色阶　　　　　　　　　　　　　　　（b）品红色阶

（c）黄色阶　　　　　　　　　　　　　　　（d）中灰色阶

图 6-7　扫描仪四色响应的标定曲线

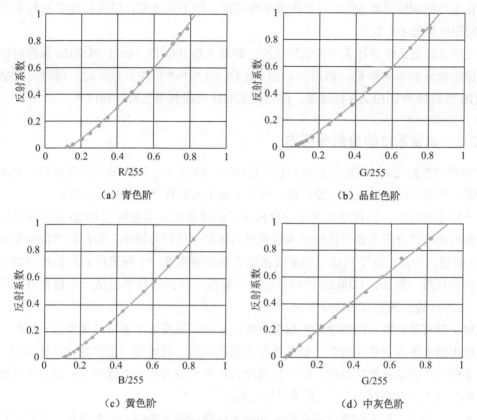

图 6-8　带显微镜工业相机四色响应的标定曲线

比较图 6-7 和图 6-8 可以看出，扫描仪的这一标定关系的非线性特性更加突出，而工业数字相机的情况更接近线性，特别是单黑色情况。这是因为，平板扫描仪设计主要捕获用于视觉感受的彩色图像，常有附加的图像捕获软件配合，附加了阶调复制曲线对原始数据的处理，形成了数字响应值与捕获光强间 Gamma 值的指数关系。工业数字相机则不同，主要用于工业检测，不必增加阶调复制对原始数据的格外处理，从而减少了上述标定关系的复杂程度。对多个工业摄像头标定的实践表明，大多数都能对中灰色响应有较好的线性关系。

类似地，可建立 CIEXYZ 明度 Y 和 CIELAB 明度 L* 与数字成像响应值间的一维标定关系。

ISO/IEC TS 24790: 2012、ISO/TS 18621-21: 2020 等标准均采用一维 LUT（查找表）表征这种成像器件的光电转换标定关系。实践表明，无论是扫描仪还是工业数字相机，采用 2 阶多项式拟合关系也可保证拟合精度满足实用需求。

印品图像数字化的过程中，捕获软件的作用不容小觑，特别是扫描仪。成像 CCD 的工作过程与控制软件有很强的偶连性，因此对于彩色原稿的标定和图像数字化必须首先确定成像过程的各种内部参数。良好的初始成像条件意味着合适的白平衡（以保证对印刷样品基材的颜色响应成为非常接近的 R、G、B 值）和合适的增益（以保证对印刷样品的密度范围有适当的响应值对应）。一旦成像参数确定，则不能改变，以保证建立的标定关系可在印刷图样测量中有效。

在需要对测量系统进行色度标定的情况，如第 5 章 ISO/TS 18621-31:2020 标准对印刷彩色图像感知分辨率的测量，需基于 CIELAB 色度 L*a*b* 值进行。此时，需要将数字图像的 RGB 值转换为 CIELAB 色度值。标定关系的建立需利用色彩管理技术。

6.2.3　测量系统的分辨率标定

ISO/IEC TS 24790、ISO/TS 15311-1 和 ISO/TS 18621-31: 2020 等国际标准的印刷图像质量测评，均需要测评对象的尺度信息，来源于测量用的数字图像分辨率指标。

对于扫描仪而言，扫描图像的光学分辨率已由设备的光学系统和 CCD 器件所确定，且还可根据此物理分辨率通过插值技术获得更高标称数值的分辨率，即扫描参数中多种可选的 dpi 数值。于是，这个扫描分辨率就决定了该数字图像一个像素所对应的被测物面上印品表面的尺度。例如，1200dpi 的扫描分辨率参数，得到的数字图像一个像素对应印品表面约 21.2μm 边长的正方形微小面元。

但对于带有显微镜头的数字相机成像系统，常根据需要改变系统的光学放大倍率，不同光学放大倍率形成数字图像的分辨率往往不是已知的，只能用一定的方法自行确定。因此，对于图 6-3 的这种检测系统，确定任意放大倍率对应的数字图像分辨率成为必需的过程，可称之为"分辨率标定"，也称为"空间标定"。

技术上，分辨率标定的方法是在选定的放大成像状态下拍摄一个刻度尺，其后，由刻度尺数字图像中一段已知长度线段对应的像素数，通过比值计算得到分辨率。

图 6-9（a）为一个商业刻度尺在检测应用中形成的数字图像，其中刻度 5、6 间的距离为 1000μm。自然，先会选择在熟悉的 Photoshop 软件中将这段刻度裁切出来，再通过读取对应的像素数完成这一分辨率的求解计。图 6-9（b）为在 Photoshop 软件中裁切下来的图像，读取出含有 846 个像素。因此，分辨率为 25400/(1000/846)=21488.4dpi，相当于一个像素对应印品正方形面元的尺度为 1.182μm。

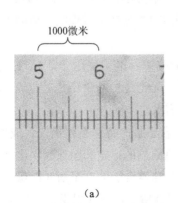

（a）

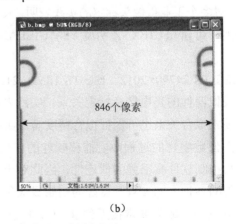

（b）

图 6-9　基于商业刻度尺的分辨率标定

这个过程有两个不足：一是麻烦，且需要借助 Photoshop 软件完成，不能融合到检测软件中便捷实施；二是在裁切刻度片段时，会因不同操作人员甚至不同时次的选择带来差异。

目前已有基于图像处理算法实现分辨率标定用的"圆点式"商业标尺，如图 6-10 所示为透射成像用圆点标尺。在使用过程中，根据其所成的数字图像，选择含有某个圆点的区域，由算法程序通过求解圆点直径的像素数，并被其已知的直径值（0.4mm、0.8mm、1.2mm三种）求比值得到分辨率。但这一方法得到的分辨率精度与求解圆点像素直径的算法直接相关，圆点外边界的确定对圆点直径数值的精度产生影响。

图6-10　透射成像分辨率标定用标尺

这种方法需要特定的算法程序，并加入质量分析软件流程中。优点是一旦这些准备工作完成，测量应用非常便捷，完全不再介意检测过程中成像放大倍率的变化，也避免了人为误差。

类似的方法，也可采用"双圆点"标尺进行分辨率标定。双圆点标尺如图 6-11（a）所示，共有 A、B、C、D、E 五组"双圆点"。每个"双圆点"标尺均由两个间隔距离固定的水平圆点组成，每组中又有三个相同的"双圆点"标尺供选择。这五组"双圆点"标尺中的圆点大小不同，在 0.3 ~ 0.5mm，以适于不同放大倍率成像的需要。

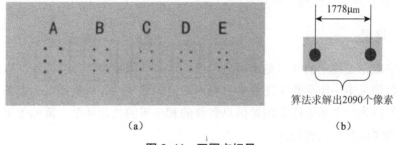

（a）　　　　　　　　　　　　　　　　（b）

图6-11　双圆点标尺

该"双圆点"标尺进行分辨率标定的过程为：在使用的放大倍率下，拍摄一个"双圆点"标尺，形成其数字图像，如图 6-11（b）所示。其后，由算法程序自动计算出该双圆点的像素圆心距，并与其设计的已知距离进行比较得到分辨率。

同样，该方法也具有前述单圆点标尺使用便捷等优势，但该标尺的分辨率计算方法与前者不同。前者直接测量的是圆点的像素直径，圆点的实际直径在 0.4 ~ 1.2mm；而该方法直接测量的是两个圆点的像素圆心距，放大倍率下应用 E 组时间距为 1.2mm，相较于单圆点标尺使用 0.4mm 直径的圆点，无疑减小了分辨率计算的相对误差，提高了分辨率确定的精度。当然，分辨率计算精度还与双圆点像素圆心距的确定精度有关。实践表明，相较于圆点图像圆周边界的确定，圆心的确定精度在算法上更容易保证。但也有相对不足的方面，是求解过程需首先进行一个方位校准，将拍摄的标尺图像进行图像旋转以使两个圆点的圆心在同一水平线上，而"单圆点"标尺中圆心求解没有方向性要求。

应用实践表明，用图 6-11（a）所示的各组"双圆点"标尺，可实现 15000 ～ 30000dpi 分辨率的标定，对应每个像素表征的印品正方形面元边长在 1μm 左右，而误差最大为 0.003μm。

测量系统的光度标定，能使印刷图像的数字图像 RGB 值转换为质量测评标准要求的光度或色度量；而测量系统的分辨率标定，能使印刷图像的数字图像像素数对应到印刷图像表面的物理尺寸，进而形成物理尺度上的质量性能表征。因此，测量系统的光度标定和分辨率标定是通过数字图像处理技术进行印刷图像质量测评的基础。

6.3　测试图像的预处理

基于数字图像处理技术的印刷图像质量测量，不是一个简单地按照标准所定义的属性量进行求解即可的过程，不仅涉及利用数字图像求解质量属性值的方法，同时还涉及数字成像过程所带来影响因素的规避、去除等方法。两类方法相互融合、相辅相成，需要合理地关联和合理的流程。可以说，其中的预处理过程就是两类方法间相融相辅的必要环节，在印刷图像质量测量的过程中也须给予重视。

6.3.1　降噪

由于数字成像过程中的噪声是不可避免的，这些高频噪声信号会叠加在有用的文本信息及材质背景信息中，印品数字图像中的噪声对诸如线属性等质量属性指标的求解带来困难，因此降噪成为一个提取印刷图像信息首要的和必需的处理环节，降噪效果也将直接影响到所计算线属性指标的客观性。

图像的噪声主要分为两大类：加性噪声和乘性噪声。实际应用中，图像的噪声一般是加性白噪声，图像模型可建立为

$$g(x, y) = f(x, y) + \sigma(x, y) \tag{6-2}$$

式中，$f(x,y)$ 为原始图像，$g(x,y)$ 为含噪图像，$\sigma(x,y)$ 为加性白噪声图像。

图 6-12 为由一款喷墨打印机输出的设计宽度为 42.33μm 线条图像的数字图像，经响应值到反射系数 ρ 变换后的（$1-\rho$）灰度图像。其中，水平黑线所示行的（$1-\rho$）信号如图 6-12（a）中波动剧烈的"原信号"线所示。可以看到，这一行中处于输出基材（白纸）的背景部分信号强度出现了高频波动，也叠加在线条信号中，其他行的信息也具同样的特点，这对于 ISO/IEC TS 24790 标准线条属性定义公式中各个阈值点的确定带来困难。于是，需对该图像在保真线条的边缘起伏特征下，平滑背景的高频噪声，以得到背景及各个特征点反射系数的准确数值。

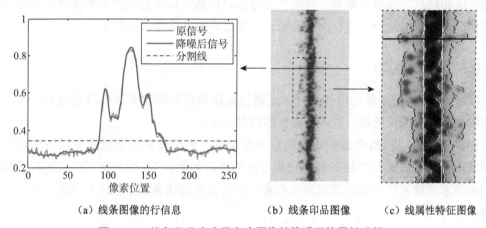

（a）线条图像的行信息　　　　　（b）线条印品图像　　　（c）线属性特征图像

图 6-12　线条印品光度量灰度图像的降噪及线属性求解

数字图像的降噪方法有很多，诸如均值滤波法、中值滤波法、自适应维纳滤波法、形态学噪声滤除、小波降噪等。

采用邻域平均法的均值滤波器适用于去除通过扫描得到的图像中的颗粒噪声，可有力地抑制噪声，但同时也因平均而引起模糊现象。

中值滤波是一种常用的非线性平滑滤波器，基本原理是把数字图像或数字序列中一点的值用该点的一个邻域中的中值代换，其主要功能是让周围像素灰度值的差比较大的像素改取与周围的像素值接近的值，从而可以消除孤立的噪声点。所以中值滤波对于滤除图像的椒盐噪声非常有效。中值滤波器可以做到既去除噪声又能保护图像的边缘，从而获得较满意的复原效果。而且，在实际运算过程中不需要图像的统计特性，这也带来不少方便。但对一些细节多，特别是点、线、尖顶细节较多的图像则不宜采用中值滤波的方法。

自适应维纳滤波能根据图像的局部方差来调整滤波器的输出。局部方差越大，滤波器的平滑作用就越强。它的最终目标是使恢复图像与原始图像的均方误差最小。该方法的滤波效果比均值滤波器效果要好，对保留图像的边缘和其他高频部分很有用，不过计算量较大。

小波滤波可以保留大部分包含信号的小波系数，因而可较好地保持图像细节。这是一种实现简单又效果较好的降燥方法。

针对图 6-12（a）中"原信号"线的高频变化噪声，实验选择使用 SymN（N=5）小波对其进行降噪，得到了降噪后的信号如图 6-12（a）中"降噪后信号"所示。表现出降噪后的线条信息得到了较好保留，且对背景的高频成分又给予了充分滤除，既尽可能地降低了噪声信号又较好地保留了有用信息。这一处理后的图像，为后续线条边缘各阈值点的提取打下了良好基础。由此得到的线条边界信息提取结果如图 6-12（c）所示，组成线条内容的分散墨点仍被有效保留在线条的外边界内，且处于线条的外边界线与边界线之间，合理地分解出了线条的主题信息和分散墨点构成的干扰信息。

当然，并非所有的印品质量属性值的求解都需要首先降噪，如实地平网印品的面属性量颗粒度和斑点，其本身就是一种噪声的度量，而数字成像过程产生的噪声会和印品的噪声加合在一起难以分开。这种情况恐怕只能通过其他方法加以抵除了。

6.3.2　方位校正

除了 6.3.1 节对图像的降噪处理，还需根据检测项目和检测图的特定需求对印品数字化图像进行方位校正处理，以线条属性的测量为主。

扫描仪或数字相机在捕获线条的数字图像时，不可能靠人为放置使线条绝对放正，而常是图像中的线条与严格的横平竖直有所偏离，如图 6-13（a）所示。而这对于基于数字图像技术的线宽等指标的求取非常不利，常需要先将线条的方位进行校正，校正到横平竖直。

采用一定的技术求取出该段线段偏离竖直方向的角度，然后将图像旋转该角度值，得到校正后的线段图像如图 6-13（b）所示。由于数字图像的旋转操作会产生边缘倾斜补齐需要的像素，常会增大图像尺寸，且增加的像素以纯黑或纯白表征，不利于线段属性参量的求解，需进一步对旋转后的图像进行边缘裁切，以去除增加的像素，结果如图 6-13（c）所示。如此过程后，所得方位校正了的光度量灰度图像才能进行其他计算处理使用。

（a）原扫描图像　　　　　　（b）方位校正后图像　　　　　　（c）裁切后图像

图 6-13　线条图像的方位校正

有时，某些特定方法的开发中也需要有方位校正的处理环节。比如，前面提到的"双圆点"标尺分辨率标定的过程，即首先需要将两个圆点的圆心校正到同一水平线上。这是特定目标方法本身的需要。

6.4 印刷图像质量测量技术应用

随着印刷技术不断进步和发展，印刷质量测评技术的应用范围也在不断扩大。在常规的印刷或打印减色输出体系中，印刷图像质量的测评，对于油墨、基材等材料的研发和应用，以及输出工艺参数的优化等都是不可或缺的。此外，还可借鉴其技术方法开发应用于其他输出体系，如用于紫外光激发红、绿、蓝荧光混合的加色成色体系中。

6.4.1 纸张性能对线条印刷质量的影响

印刷图像的质量受到印刷油墨、纸张，以及印刷工艺参数等多种因素的影响。实践中，经常通过测量印品的质量性能来反映某一因素的影响程度和特征。比如，不同纸张上特定印刷图案的质量指标，可反映纸张与油墨的相互作用及其对印刷图像质量的影响。以下以纸张对线条印刷质量的影响为例给予说明。

针对 720dpi 分辨率输出的打印设备，设计不同像素宽度的原色线条图案，在不同纸张上印刷输出。图 6-14、图 6-15 和图 6-16 分别为在同一印刷设备上应用不同的 7 种纸张得到的线条线宽、线边缘粗糙度和暗度测量结果。

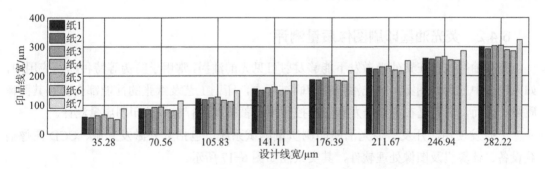

图 6-14 不同纸张印刷图像的线宽比较

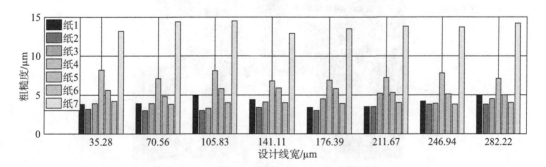

图 6-15 不同纸张印刷图像的线边缘粗糙度比较

137

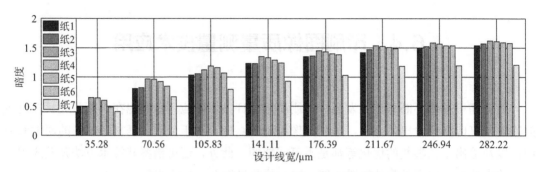

图 6-16　不同纸张印刷图像的线条暗度比较

从图 6-14、图 6-15 和图 6-16 可以看出，纸张对印刷质量的影响是非常明显的。从线条宽度看，纸张 6 上的线宽稍有增加，但最为接近设计值，其他线宽则较之增加更多；此外，纸张 2、3、5 上的线宽增加也不多，增加最多的是纸张 7。从线边缘粗糙度看，纸张 2 上的相对最小，纸张 1、3、6 上的相对也不大，最大的是纸张 7。而从线条的暗度看，纸张 3 上的相对最大，纸张 4、5、6 上的暗度也较大，暗度最低的也是纸张 7。如是，从这三个方面质量测度总的来看，纸张 3、6 上的线条质量相对较好；纸张 2、5 次之；相对最差的则是纸张 7，线宽增加最多、线边缘最粗糙、暗度又最低。

这一结果仅为线条质量属性的三方面测度，全面的质量测度，以及对线条总的质量等级评估需类似于 3.3.4 节内容进行综合分析。

6.4.2　荧光油墨印刷图像质量测评

荧光油墨是指在紫外光激发下能够发射可见光的油墨，常用于防伪等特种印刷应用中，如人民币中的荧光图案。荧光油墨在印刷过程中，印刷工艺及纸张的性能都会影响其图像质量。因而，无论是在材料研发和生产控制中，都需要进行有效的印刷质量测评。

于研发使用，开发了荧光油墨印刷质量测试系统，包括紫外激发光源、CCD 图像捕获设备、计算机及图像处理软件，其实景图如图 6-17 所示。

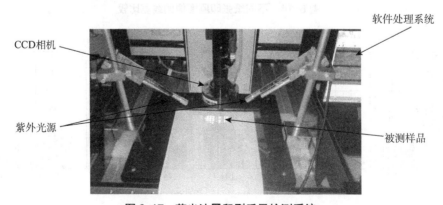

图 6-17　荧光油墨印刷质量检测系统

与彩色印刷图像质量检测情况不同的是，这里的测试光源不再是标准白光，而是实用的紫外激发光源。因此，针对拍摄 CCD 光响应的标定关系，变为荧光油墨发出荧光的亮度与 CCD 光响应值之间的关系。针对实用中发光光色（如红色）不同的荧光油墨，可在使用紫外光照下由辐射度计等仪器测量其发光强度，建立其与数字成像中最大响应值之间的关系，如发红光荧光油墨的红光数字图像中的 R 值响应最大，发蓝光荧光油墨的蓝光数字图像中的 B 值响应最大。

如图 6-18 所示，为实验的蓝光荧光油墨一系列不同墨量在激发光照下所成蓝色色阶的光度与 B 值间的标定关系曲线。该标定关系为后续的印刷图像转换为使用情况下的发光强度所使用，并基于此进行类似前述印刷质量指标的计算。

与彩色油墨情况不同的是，这里荧光油墨发光常应用为加色体系，原色不再是青、品、黄，而是红、绿、蓝，且没有黑墨的问题。所以，测试对象中仅有红、绿、蓝（光）三种情况。

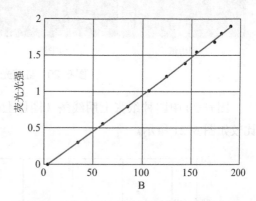

图 6-18　荧光油墨发光图像测试用标定关系

另外，在实际应用中，若图文信息以荧光油墨体现，线条本身因油墨发光而比背景亮，成为"明线条"；而若背景信息以荧光油墨体现，图文信息由所漏的纸基体现，则这时的线条本身因纸张不发光而比背景暗，成为"暗线条"。测试对象中包含了这两种情况。

图 6-19 分别为"明线条"和"暗线条"图样的测试过程图。

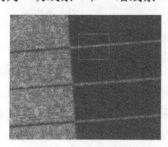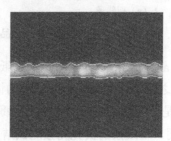

（a）明线条

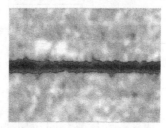

（b）暗线条

图 6-19　蓝光荧光油墨印刷图像的线属性质量检测

与其他油墨一样，荧光油墨在纸张上的润湿铺展也会影响荧光油墨印刷图像的发光强度和形貌质量。图 6-20 为所实验的一红光荧光油墨在四种纸张上的线条印刷图像，设计宽度均为 200μm。

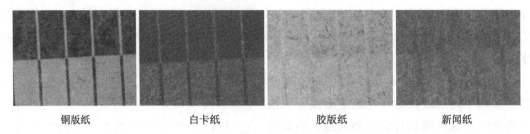

铜版纸　　　　　　白卡纸　　　　　　胶版纸　　　　　　新闻纸

图 6-20　红荧光油墨的线条印刷图像

图 6-20 中四种纸张上明线条（图像上部）和暗线条（图像下部）的印刷线宽测试及比较如图 6-21 所示。

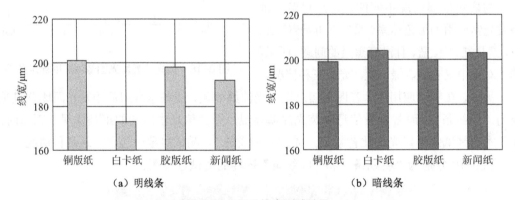

（a）明线条　　　　　　　　　　　　（b）暗线条

图 6-21　印品线宽测试结果

从图 6-21（a）看到：明线条中，铜版纸上的线宽与设计的 200μm 最为接近，其他纸张上的线宽都较之减小，尤其是白卡纸上的情况。而图 6-21(b) 表明：白卡纸上的暗线宽是最大的，然后是新闻纸上的暗线宽，铜版纸和胶版纸上的暗线线宽相对较为接近设计值。

图 6-22 为明、暗线条的荧光光强测试结果。

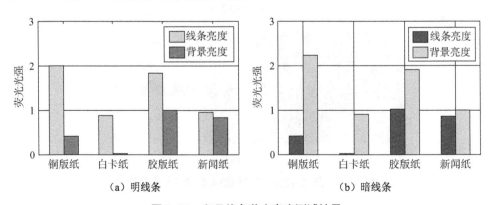

（a）明线条　　　　　　　　　　　　（b）暗线条

图 6-22　印品线条荧光亮度测试结果

从图 6-22（a）看出，同一荧光油墨，在不同纸张上形成的亮度不同。所实验的四种纸张情况，铜版纸上的线条光强最大，因而最亮，然后是胶版纸，且与铜版纸较为接近；新闻纸和白卡纸上明线条光强度则低了一半左右，两者也较为接近。这一结果很可能与纸张上是否涂有涂层有关。

此外，比较图 6-22（a）和图 6-22（b）看出，同样是油墨被激发的荧光，构成大面积的背景较构成的这一宽度的线条要亮一些。合理的解释是在线条较细的情况下，线条上的油墨会因在纸张上向外扩散而减少了线条本身的墨量浓度，从而降低了其荧光强度。

如上所示，这些测量可为分析荧光油墨与纸张的相互作用，以及对印刷质量的影响提供一些分析依据。

参考文献

[1]   招刚 , 陈晨 , 刘霞 , 王利婕 , 张旭亮 . ISO/TC 130 国际印刷标准体系研究 [J]. 数字印刷 , 2020(2):
       99-107.

[2]   ISO/IEC 13660. Information technology-Office equipment-Measurement of image quality attributes
       for hardcopy output-Binary monochrome text and graphic images[S]. Geneva: ISO, 2001.

[3]   ISO/ IEC TS 24790. Information technology-Office equipment-Measurement of image quality
       attributes for hardcopy output-Monochrome text and graphic images[S]. Geneva: ISO, 2012.

[4]   ISO/ IEC TS 24790. Information technology-Office equipment-Measurement of image quality
       attributes for hardcopy output-Monochrome text and graphic images[S]. Geneva: ISO, 2017.

[5]   ISO/TS 15311-1. Graphic technology-Requirements for printed matter for commercial and industrial
       production-Part 1: Measurement methods and reporting schema[S]. Geneva: ISO, 2016.

[6]   ISO/TS 15311-1. Graphic technology - Requirements for printed matter for commercial and industrial
       production-Part 1: Measurement methods and reporting schema[S]. Geneva: ISO, 2020.

[7]   ISO/TS 15311-2. Graphic technology-Print quality requirements for printed matter-Part 2:
       Commercial print applications utilizing digital printing technologies[S]. Geneva: ISO, 2018.

[8]   刘浩学 . 印刷色彩学 [M]. 北京：中国轻工业出版社 , 2019.

[9]   ISO 12647-2. Graphic technology-Process control for the production of half-tone colour separations,
       proof and production prints-Part 2: Offset lithographic processes[S]. Geneva: ISO, 2013.

[10]   ISO 18619. Image technology colour management-Black point compensation[S]. Geneva: ISO, 2015.

[11]   ISO/TS 18621-11.Image quality evaluation methods for printed matter-Part 11:Colour gamut
       analysis[S]. Geneva: ISO, 2019.

[12]   徐艳芳 . 色彩管理原理与应用 [M]. 北京：文化发展出版社 , 2015.

[13]   ISO 12642-2. Graphic technology-Input data for characterization of 4-colour process printing-
       Expanded data set[S]. Geneva: ISO, 2006.

[14]   ISO 12647-8. Graphic technology-Process control for the production of half-tone colour separations,
       proof and production prints-Part 8: Validation print processes working directly from digital data[S].
       Geneva: ISO, 2012.

[15]   ISO 8254-1. Paper and board-Measurement of specular gloss-Part1:75degree gloss with a converging
       beam, TAPPI method[S]. Geneva: ISO, 2009.

[16]   ISO 2813. Paints and varnishes-Determination of gloss value at 20º, 60º and 85º[S]. Geneva: ISO,

[17] ISO 13655. Graphic technology-Spectral measurement and colorimetric computation for graphic arts images[S]. Geneva: ISO, 2017.

[18] 赵广，姚磊磊. 浅谈富士胶片 Jet Press 的 Fogra 认证 [J]. 技术与应用，2020(5): 9-11.

[19] John Oliver, Joyce Chen. Use of Signature Analysis to Discriminate Digital Printing Technologies[C]. IS&T's NIP18: 2002 International Conference on Digital Printing Technologies, 218-222.

[20] Eugene Langlais , Shiva Adudodla, Prashant Mehta. Using Machine Vision Based System for Benchmarking Various Printing Plate Surfaces[C]. IS&T's NIP19: 2003 International Conference on Digital Printing Technologies, 595-597.

[21] 司占军. 基于图像分析法对喷墨打印机墨点保真度的研究 [J]. 天津科技大学学报，2007, 22(3): 80-84.

[22] 万民兵，朱浩岩. 基于图像分析法的铜版纸胶印墨点质量研究 [J]. 包装工程，2012, 33(17): 114-117.

[23] 贾志梅，徐艳芳. 一种喷墨打印墨点定位精度的检测方法：中国，ZL 201510065319. 7 [P]. 2017-4-19.

[24] 崔晓萌，陈广学. 彩色数字印刷线条质量的微观检测与分析 [J]. 中国印刷与包装研究，2013, 5(3): 42-48.

[25] 姜桂平，徐艳芳，郭歌，刘丽丽. 数字印刷品清晰度的评价方法研究 [J]. 中国印刷与包装研究，2010, Vol(2): 221-225.

[26] 徐艳芳，廉玉生，宋月红，李修. 一种印品文字质量的检测方法：中国，ZL 201510065319. 8 [P]. 2017-5-3.

[27] Ming-Kai Tse. A Predictive Model for Text Quality Analysis: Case Study[J]. Society for Imaging Science and Technology, 2007(1): 419-423.

[28] 徐艳芳，张碧芊，王鑫婷. 基于国际标准的印刷品的斑点和颗粒度检测 [J]. 数字印刷，2020.12, 2020(6): 21-27.

[29] ISO/TS 18621-21:2020-Graphic technology - Image quality evaluation methods for printed matter - Part 21: Measurement of 1_D distortions of macroscopic uniformity utilizing scanning spectrophotometers[S]. Geneva: ISO, 2020.

[30] 余晓锷，高海英，蔡凡伟，赵全. 基于噪声功率谱的 CT 图像噪声评价 [J]. 中国医学影像技术，2014, 30(8): 1243-1246.

[31] 周颖梅，姜中敏，郑亮. 基于噪声功率谱印刷图像质量分析 [J]. 包装工程，2014, 35(21): 91-95.

[32] ISO/IEC TS 29112. Information technology-Office equipment - Test charts and methods for measuring monochrome printer resolution[S]. Geneva: ISO, 2018.

[33] ISO/TS 18621-31. Graphic technology-Image quality evaluation methods for printed matter-Part 31: Evaluation of the perceived resolution of printing systems with the Contrast - Resolution chart [S]. Geneva: ISO, 2020.

[34] F. W. Campbell, J. G. Robson. Application of Fourier Analysis to the Visibility of Gratings[J]. Journal of Physiology, 1968, 107: 551-566.

[35] 姚海根 . 图像客观质量属性测量的实现方法 [J]. 出版与印刷 , 2005(2): 34-38.

[36] 徐艳芳 , 贾志梅 . 打印制版成像的微观质量检测方法 : 中国 , ZL 201510065319. 7 [P]. 2017-4-19.

[37] 徐艳芳 , 刘浩学 , 黄敏 , 宋月红 . 线条属性对文本感知清晰度的影响模型研究 [J]. 光学学报 , 2012, 32(12): 123300-1~123300-7.

[38] Birger Streckel, Bernhard Steuernagel, Eckhard Falkenhagen, Eggert Jung. Objective Print Quality Measurements Using a Scanner and a Digital Camera[C]. DPP2003: IS&Ts International Conference on Digital Production Printing and Industrial Applications, 2003, 145-147.